JN046156

中学 3 年

頼田智史 著

フォーラム・A

まえがき

「小学校の算数では良くできたのに，中学の数学はもう一つ成績が伸びない」ということは，ありませんか？

正の数・負の数が現れたり，文字式の扱いを学習しはじめたり，抽象的な内容に移るからでしょう．

でも，心配することはありません．基本となる内容をくり返し練習すれば必ずできるようになります．そのために企画編集したのが，本書「数学リピートプリント」です．

つまずきやすいところをていねいに解説し，くり返し練習できるようにしました．また，説明のための図を多く入れて容易に理解できるように工夫しました．

本書は，各項目の「要点まとめ」「基本問題」「リピート練習」の４ページ単位で構成されています．それぞれの章末には「期末対策」として，復習問題を載せています．問題の量は必要最小限にとどめて，短期間に達成・完成できるようにしています．

本書は，なによりも生徒の身になって作ったテキストです．本書に解答を直接書き込んで，君だけのオリジナルノートにしてください．

地道な勉強を続けていかなければ，数学の実力はつかないとよくいわれています．つまり「王道はない」と．

しかし，少なくとも中学数学には「王道がある」と考えます．本書を活用して「王道」への第一歩を踏み出せるようになれば，「王道」への道が切り開けるようになれば，著者としてこれほど，うれしいことはありません．

著者記す

中学３年　目次

第１章　式の計算

第２章　平方根

第３章　２次方程式

第４章　関数 $y=ax^2$

第５章　相似な図形

第６章　三平方の定理

STEP 01

第1章　式の計算

式の乗法・除法

分配法則：$a(b+c)=ab+ac$,　$(a+b)c=ac+bc$

(単項式)×(多項式)：

例　(1)　$2x \times (3x+2) = 2x \times 3x + 2x \times 2$

$= 6x^2 + 4x$

$2\times3\times x\times x$

(2)　$(6x-9y)\times\left(-\frac{2}{3}y\right) = 6x\times\left(-\frac{2}{3}y\right) - 9y\times\left(-\frac{2}{3}y\right)$

$= -4xy + 6y^2$

(多項式)÷(単項式)：乗法に直して計算

例　$(2xy+x)\div\left(-\frac{x}{4}\right) = (2xy+x)\times\left(-\frac{4}{x}\right)$　← $-\frac{x}{1}$ の逆数は $-\frac{1}{x}$

$= 2xy\times\left(-\frac{4}{x}\right) + x\times\left(-\frac{4}{x}\right)$

$= -8y-4$

※　$-\frac{x}{4}$ に対して，$-\frac{4}{x}$ を逆数というよ．

(1)　$-6x\times x - 6x\times(-2y) = -6x^2 + 12xy$

(2)　$3a\times4a - b\times4a = 12a^2 - 4ab$

(3)　$(6a^2-12a)\times\frac{1}{2a} = 6a^2\times\frac{1}{2a} - 12a\times\frac{1}{2a} = 3a-6$

(4)　$(16x^2-4xy)\times\frac{7}{4x} = 16x^2\times\frac{7}{4x} - 4xy\times\frac{7}{4x} = 28x-7y$

基本問題

次の計算をしましょう.

(1)　$-6x(x-2y) = \boxed{-6x \times \quad -6x \times (\qquad)}$　← 分配法則

$x+(-2y)$

$= \boxed{\qquad}$　← 計算して整理

(2)　$(3a-b) \times 4a = \boxed{3a \times \qquad -b \times \quad}$　← 分配法則

$= \boxed{\qquad}$　← 計算して整理

(3)　$(6a^2-12a) \div 2a = \boxed{(6a^2-12a) \times \frac{\quad}{\quad}}$　← 逆数

$= \boxed{6a^2 \times \qquad -12a \times \quad}$　← 分配法則

$= \boxed{\qquad}$

(4)　$(16x^2-4xy) \div \frac{4}{7}x = \boxed{(16x^2-4xy) \times \frac{\quad}{\quad}}$　← 逆数

$= \boxed{16x^2 \times \qquad -4xy \times \quad}$　← 分配法則

$= \boxed{\qquad}$

逆数をまちがえないでね！

$16x^2 \div \frac{4}{7}x$ を　$16x^2 \times \frac{7}{4}x$ としてしまう人がよくいます.

正しくは、$16x^2 \times \frac{7}{4x}$ です. 気をつけましょう.

STEP 01

REPEAT

1 次の計算をしましょう.

(1) $(x-4)\times(-3x)$

(2) $\dfrac{3}{2}a(4a-6)$

(3) $(6ab+4b)\div 2b$

(4) $(5xy-6y)\div\left(-\dfrac{y}{3}\right)$

学習日

2 次の計算をしましょう.

(1) $-2y(3y^2-5y+2)$

(2) $(x-3y+5)\times 4x$

(3) $(15x^2y-6xy^2)\div\dfrac{3}{2}xy$

(4) $(-3a^3+5a)\div\left(-\dfrac{15}{2}a^2\right)$

STEP 02

第1章　式の計算

乗法公式

積の形でかかれた式を和の形で表すことを 展開 といいます.

$$(a+b)(c+d)=ac+ad+bc+bd$$

例　$(x+3)(y+5)=x\times y+x\times 5+3\times y+3\times 5$

$=xy+5x+3y+15$

乗法公式

(i)　$(x+a)(x+b)=x^2+\underset{和}{\underline{(a+b)}}x+\underset{積}{\underline{ab}}$

(ii)　$(a+b)^2=a^2+2ab+b^2$

　　$(a-b)^2=a^2-2ab+b^2$

(iii)　$(a+b)(a-b)=a^2-b^2$

公式はすべて，上の基本の計算を行って，同類項をまとめただけです．計算に利用することもできますね．

(1)　$a\times b+a\times(-3)+1\times b+1\times(-3)=ab-3a+b-3$

(2)　$x^2+(2+4)x+2\times 4=x^2+6x+8$

(3)　$x^2+2\times 3\times x+3^2=x^2+6x+9$

(4)　$(-y)^2+2\times(-y)\times 1+1^2=y^2-2y+1$

(5)　$a^2-(2b)^2=a^2-4b^2$

基本問題

次の式を展開しましょう．

(1)　$(a+1)(b-3) = a\times \quad + a\times(\quad) + 1\times \quad + 1\times(\quad)$

$b+(-3)$

$= \quad$　← 整理する

(2)　$(x+2)(x+4) = x^2 + (\quad + \quad)x + \quad\times\quad$　← 乗法公式

和　積

$= \quad$　← 整理する

(3)　$(x+3)^2 = x^2 + 2\times \quad \times x + \quad$　← 乗法公式

$= \quad$　← 整理する

(4)　$(-y+1)^2 = (-y)^2 + 2\times(\quad)\times 1 + \quad$　← 乗法公式

$= \quad$　← 整理する

(5)　$(a+2b)(a-2b) = a^2 - (\quad)^2$　← 乗法公式

$= \quad$　← 整理する

乗法公式を忘れちゃった

乗法公式を忘れてしまったら

分配法則を使いましょう．

(3)　$(x+3)(x+3)$

$= x^2 + 3x + 3x + 9$

$= x^2 + 6x + 9$

パワーアップ

STEP 02

REPEAT

1 次の式を展開しましょう.

(1) $(x+3)(2y-5)$ ← $2y=Y$ として考えてみよう！

(2) $(-3+a)(a+5)$ ← $-3+a=a-3$ だよ！

(3) $(5x-2)^2$ ← $5x=X$ として考えてみよう！

(4) $(-2y-1)^2$ ← $-2y=Y$ として考えてみよう！

(5) $(y-6)(6+y)$ ← $6+y=y+6$ だよ！

2 93×87 を計算しましょう. ← $(a+b)(a-b)=a^2-b^2$

学習日

3 次の式を展開しましょう.

(1) $(4x-1)(2x^2+5)$

(2) $(2x+1)(4x-1+x^2)$ ← 項が増えてもやり方は同じ！

(3) $(-x+2)(-x+3)$ ← $-x=X$ として考えてみよう！

(4) $(2x+3y)^2$ ← $2x=X$, $3y=Y$ として考えてみよう！

(5) $(6x+5y)(6x-5y)$ ← $6x=X$, $5y=Y$ として考えてみよう！

4 103×92 を計算しましょう. ← $(x+a)(x+b)=x^2+(a+b)x+ab$

STEP 03

第１章　式の計算

因数分解（1）

多項式をいくつかの因数の積の形で表すことを，その多項式を因数分解するといいます．

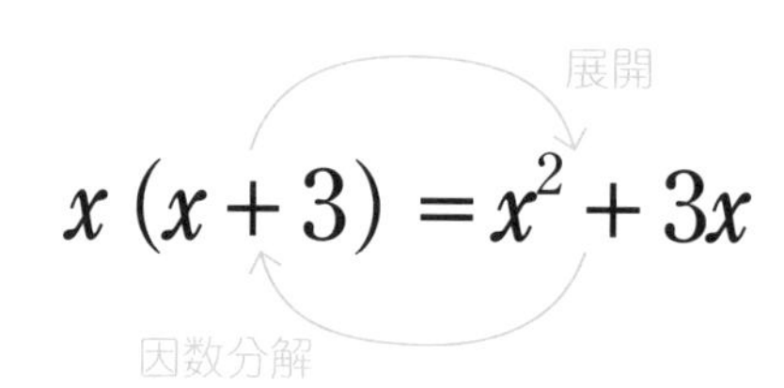

因数分解の基本中の基本

→ 各項に共通な因数（共通因数）をみつけてくくる

$$ab+ac=a(b+c)$$

共通因数　　共通因数でくくる．

とても大事です．しっかり練習しよう！

次に乗法公式を用いる因数分解です．

$$a^2+2ab+b^2=(a+b)^2$$

$$a^2-2ab+b^2=(a-b)^2$$

$$a^2-b^2=(a+b)(a-b)$$

(1)　$4y\times y-3\times y=(4y-3)y$

(2)　$2x\times4-2x\times3a=2x(4-3a)$

(3)　$xy\times x+xy\times2=xy(x+2)$

(4)　$x^2-5^2=(x+5)(x-5)$

(5)　$x^2+2\times2\times x+2^2=(x+2)^2$

基本問題

次の式を因数分解しましょう.

(1) $4y^2-3y=$ $4y\times\qquad-3\times$

$=(\qquad\qquad)y$

← y が共通因数

(2) $8x-6ax=$ $2x\times\qquad-2x\times$

$=2x(\qquad\qquad)$

← $2x$ が共通因数

(3) $x^2y+2xy=$ $xy\times\qquad+xy\times$

$=xy(\qquad\qquad)$

← xy が共通因数

(4) $x^2-25=$ $x^2-\quad{}^2$

$=(\quad+\quad)(\quad-\quad)$

← $a^2-b^2=(a+b)(a-b)$

(5) $x^2+4x+4=$ $x^2+2\times\quad\times x+\quad{}^2$

$=(x+\qquad)^2$

← $a^2+2ab+b^2=(a+b)^2$

因数分解の手順

① 共通因数でくくる.
② 公式利用
の順に考えよう.

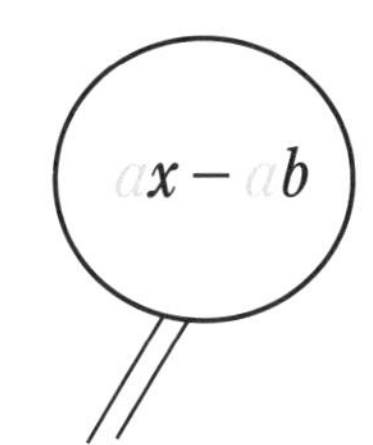

共通因数を
見逃すな!!

パワーアップ

STEP 03

REPEAT

1 次の式を因数分解しましょう.

(1) $14x^2y-2x$

(2) $ax-2ay+3az$ ← 共通因数は a

(3) $81-x^2$ ← $a^2-b^2=(a+b)(a-b)$

(4) $4x^2-9$ ← $4x^2=(2x)^2$ だよ！

(5) $x^2-14x+49$ ← $a^2-2ab+b^2=(a-b)^2$

(6) $9x^2-6x+1$ ← $9x^2=(3x)^2$, $6x=2\times3x\times1$

学習日

2 次の式を因数分解しましょう.

(1) $21x^2y-3xy^2$

(2) $10ax-4bx-2cx$

(3) $25x^2-64$

(4) $9x^2-\frac{1}{49}$

(5) $9x^2-30x+25$　　← $9x^2=(3x)^2,\ 30x=2\times3x\times5$

(6) $x^2+\frac{1}{2}x+\frac{1}{16}$　　← $\frac{1}{2}x=\frac{2}{4}x=2\times x\times\frac{1}{4}$

第１章　式の計算

因数分解（2）

今回は，

$$a^2 \pm 2ab + b^2 = (a \pm b)^2$$

$$a^2 - b^2 = (a+b)(a-b)$$

←２つの公式を１つに表した複号（±）は左辺と右辺で同じ順とします

の他に

$$x^2 + \underset{和}{(a+b)}x + \underset{積}{ab} = (x+a)(x+b)$$

を用いる因数分解を扱いましょう！

例　$x^2 + \underset{和}{5}x + \underset{積}{4} = (x+1)(x+4)$　←和が５，積が４となる２数は１と４

２数 a，b を考えるときのポイントは，定数項の ab だよ．

ab が正 ⇒ a と b は同符号

ab が負 ⇒ a と b は異符号

これより 和（x の係数である $a+b$）をさがそう !!

公式を利用して，計算を簡単にしたり，いろいろなことを証明することもできます．

(1)　$x^2 + (3+4)x + 3 \times 4 = (x+3)(x+4)$

(2)　$x^2 + \{(-2)+(-4)\}x + (-2) \times (-4) = (x-2)(x-4)$

(3)　$x^2 + \{(-1)+4\}x + (-1) \times 4 = (x-1)(x+4)$

(4)　$2(x^2 - 3x - 4) = 2(x-4)(x+1)$

(5)　$a(x^2 - 8x + 15) = a(x-3)(x-5)$

基本問題

次の因数分解をしましょう.

(1) $x^2+7x+12=$ $x^2+(\quad+\quad)x+\quad\times$

2数はともに正

$=(x\qquad)(x\qquad)$

(2) $x^2-6x+8=$ $x^2+\{(\quad)+(\quad)\}x+(\quad)\times(\quad)$

2数はともに負

$=(x\qquad)(x\qquad)$

(3) $x^2+3x-4=$ $x^2+\{(\quad)+\quad\}x+(\quad)\times$

2数は異符号

$=(x\qquad)(x\qquad)$

(4) $2x^2-6x-8=$ $2(x^2-\qquad x-\qquad)$

2数は異符号

$=2(\qquad)(\qquad)$

← 共通因数2でくくる

(5) $ax^2-8ax+15a=$ $a(\qquad\qquad)$

$=a(\qquad)(\qquad)$

← 共通因数 a でくくる

乗法公式と因数分解の関係

乗法公式 →

$(x+a)(x+b)=x^2+(a+b)x+ab$

和　積

← 因数分解

パワーアップ

STEP 04 REPEAT

1 次の式を因数分解しましょう.

(1) a^2+7a+6

(2) $y^2-8y+12$

(3) x^2-x-12

(4) $-5x-14+x^2$ ← 並べかえて考えよう

(5) $-3x^2-9x+12$ ← 共通因数 -3 でくくる

(6) $2xy^2-8x$ ← 共通因数 $2x$ でくくる

(7) $12ax^2-36ax+27a$ ← 共通因数 $3a$ でくくる

2 192^2-92^2 を計算しましょう.

学習日

自己評価　再度チャレンジ　ナットク　完全合格

3　次の式を因数分解しましょう.

(1)　$x^2-3x-10$

(2)　$28-16x+x^2$

(3)　$2x^2y+12xy-32y$　← 共通因数

(4)　$-3xy^2-30xy-75x$　← 共通因数

(5)　$8ax^2-50ay^2$　← 共通因数

4　連続する2つの奇数を $2n+1$, $2n+3$ (n は整数) とするとき, 大きい方の数の2乗から, 小さい方の数の2乗を引いた数が, 8の倍数であることを示しましょう.

第１章　期末対策

1 次の式を計算しましょう．

(1) $-2x(3x^2-4x+2)$

(2) $(x-3y+6)\times 3x$

(3) $(12y^2-6xy)\div\frac{3}{5}y$

(4) $(9x^2y-6xy^2)\div\frac{3}{2}xy$

(5) $(2+x)(x-5)$

(6) $(3x-1)(3x+4)$

(7) $(2x-5)^2$

(8) $(x+9)(x-9)$

(9) $(2x-3)(2x+3)$

(10) $(x-2)(x-3)-(x+3)^2$

学習日

自己評価

再度チャレンジ

ナットク

完全合格

2 次の □ にあてはまる正の数を求めましょう.

(1) $(x-\square)^2=x^2-12x+\square$

(2) $(x-3)(x+\square)=x^2+x-\square$

(3) $x^2-\square=(x+\square)(x-4)$

3 次の式を因数分解しましょう.

(1) $x^2+9x-22$

(2) $x^2y^2-15xy+44$

(3) $4ax^2-8ax+4a$

(4) x^3y-xy^3

4　$a=-4$，$b=\frac{1}{2}$ のとき，次の式の値を求めましょう．

$(a-2b)^2+4b(a-b)$　　　←展開して式を整理する

5　次の計算をしましょう．

(1)　9.9^2

(2)　$5.5^2\times3.14-4.5^2\times3.14$

学習日

自己評価　再度チャレンジ　ナットク　完全合格

6 半径 r m の円形の公園の周囲に幅 a m の道があります．この道の面積を S m^2，道のまん中を通る円周の長さを ℓ m とします．このとき次の問いに答えましょう．

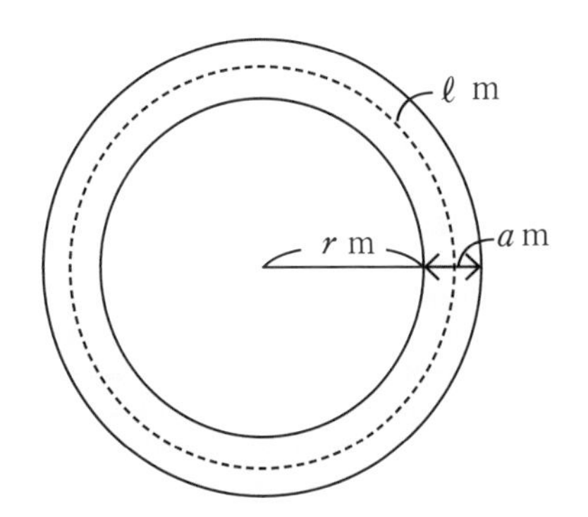

(1) S を a と r を用いて表しましょう．

(2) $S=a\ell$ となることを証明しましょう．

第2章　平方根

STEP 05 平方根

ある数を2乗して a になる，すなわち $x^2=a$ をみたす x を a の 平方根 といいます．

例　4の平方根は，2と -2　　← $x^2=4$ をみたす x　$2^2=4$，$(-2)^2=4$

注意 1　x は正の数でも，負の数でも2乗すると必ず正の数になるので，a は負の数にはなりません．

注意 2　$0^2=0$ なので，0の平方根は0だけです．

「4の平方根は？」といわれると，2と -2 と答えることができますが

「3の平方根は？」といわれても，整数や分数では見つけることができません．

そこで，新しい記号 $\sqrt{}$（根号）を用いて

$\sqrt{3}$ と $-\sqrt{3}$ と表すことにします．

2つまとめて $\pm\sqrt{3}$ と表すこともあります．

一般に，正の数 a，b に対して

となります．

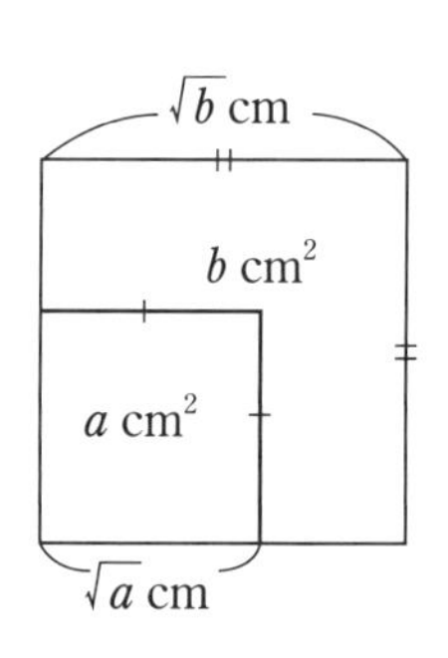

1　(1)　$5^2=25$，$(-5)^2=25$，平方根は ±5

(2)　$\left(\frac{1}{9}\right)^2=\frac{1}{81}$，$\left(-\frac{1}{9}\right)^2=\frac{1}{81}$，平方根は $\pm\frac{1}{9}$

(3)　$\pm\sqrt{7}$

2　$3<6$，$\sqrt{3}<\sqrt{6}$

基本問題

1 次の平方根を求めましょう.

(1) 25　　(2) $\frac{1}{81}$　　(3) 7

解答 (1) 2乗して25になる数は

← $x^2=25$ をみたす x

$\square^2=25$, $(\quad)^2=25$

だから，平方根は $\square$ です.

(2) 2乗して $\frac{1}{81}$ になる数は

← $x^2=\frac{1}{81}$ をみたす x

$(\quad)^2=\frac{1}{81}$, $(\quad)^2=\frac{1}{81}$

だから，平方根は $\square$ です.

(3) 2乗して7になる数は，根号を用いて $\square$ です.

← $x^2=7$ をみたす x は整数，分数では表せない

2 $\sqrt{3}$ と $\sqrt{6}$ の大小を比べると，$\sqrt{}$ の中の数の大小は $\square < \square$ であるから，$\sqrt{3}$ と $\sqrt{6}$ の大小は $\square < \square$ となります.

パワーアップ

$\sqrt{}$ の使い方に注意しよう!

16の平方根は4と−4ですが，$\sqrt{16}$ と $-\sqrt{16}$ と答える人がいます.
$\sqrt{}$ の記号を使わなくてもいいときもあるので注意しましょう!

$\sqrt{16}$ は4
$-\sqrt{16}$ は−4
と表そう.

STEP 05 REPEAT

1 次の数の平方根を求めましょう.

(1) 49

(2) 0.25

(3) 11

(4) $\frac{2}{5}$

2 次の数を根号を使わないで表しましょう.

(1) $\sqrt{36}$ ← 2 乗して 36 になる正の数だよ！

(2) $-\sqrt{100}$ ← 2 乗して 100 になる負の数だよ！

(3) $-\sqrt{0.09}$ ← 2 乗して 0.09 になる負の数だよ！

3 次の各組の数の大小を比べ，不等号を使って表しましょう.

(1) $-\sqrt{7}$ と $\sqrt{6}$ ← $-\sqrt{7}$ はどんな数？

(2) $\sqrt{24}$ と 5 ← $5=\sqrt{\ }$ と表すと

学習日

4 次の数の平方根を求めましょう.

(1) 196　　(2) 0.3

(3) $\dfrac{3}{7}$　　(4) 0.36

5 次の数を根号を使わないで表しましょう.

(1) $-\sqrt{\dfrac{4}{49}}$　　(2) $\sqrt{(-3)^2}$　　← $(-3)^2=9$

6 次の数を求めましょう.

(1) $(\sqrt{5})^2$　　(2) $(-\sqrt{0.7})^2$

7 次の各組の数の大小を比べ, 不等号を用いて表しましょう.

(1) -3 と $-\sqrt{10}$　　(2) 6.2 と $\sqrt{39}$

STEP 06

第2章　平方根

平方根の乗法・除法

乗法：$\sqrt{2}\times\sqrt{5}$ を考えると

$$(\sqrt{2}\times\sqrt{5})^2=(\sqrt{2}\times\sqrt{5})\times(\sqrt{2}\times\sqrt{5})$$

$$=\sqrt{2}\times\sqrt{2}\times\sqrt{5}\times\sqrt{5}$$ ←順序を入れかえただけだよ

$$=(\sqrt{2})^2\times(\sqrt{5})^2$$

$$=2\times5=10$$

$\sqrt{2}\times\sqrt{5}$ は，2乗して10になる正の数なので $\sqrt{10}$

注意　例えば，$2\sqrt{3}$ は $2\times\sqrt{3}$ を表しています．

除法：$\sqrt{2}\div\sqrt{5}$ を考えると

$$(\sqrt{2}\div\sqrt{5})^2=\frac{\sqrt{2}}{\sqrt{5}}\times\frac{\sqrt{2}}{\sqrt{5}}=\frac{(\sqrt{2})^2}{(\sqrt{5})^2}=\frac{2}{5}$$

$\sqrt{2}\div\sqrt{5}$ は，2乗して $\frac{2}{5}$ になる正の数なので $\sqrt{\frac{2}{5}}$

これより a，b が正の数のとき

$$\sqrt{a}\times\sqrt{b}=\sqrt{a\times b},\ \sqrt{a}\div\sqrt{b}=\sqrt{\frac{a}{b}}$$

となります．

1　(1)　$\sqrt{3\times7}=\sqrt{21}$　　(2)　$-\sqrt{5\times6}=-\sqrt{30}$

(3)　$\sqrt{\frac{20}{2}}=\sqrt{10}$　　(4)　$-\sqrt{\frac{48}{8}}=-\sqrt{6}$

2　(1)　$3\times\sqrt{5}=\sqrt{9}\times\sqrt{5}=\sqrt{45}$　　(2)　$\frac{\sqrt{7}}{\sqrt{4}}=\sqrt{\frac{7}{4}}$

3　(1)　$\sqrt{4\times5}=\sqrt{4}\times\sqrt{5}=2\sqrt{5}$　　(2)　$\frac{\sqrt{7}}{\sqrt{64}}=\frac{\sqrt{7}}{8}$

基本問題

1 次の計算をしましょう．

(1) $\sqrt{3}\times\sqrt{7}=\sqrt{\times}=\square$　⬅ $\sqrt{a}\times\sqrt{b}=\sqrt{a\times b}$

(2) $\sqrt{5}\times(-\sqrt{6})=-\sqrt{\times}=\square$

(3) $\sqrt{20}\div\sqrt{2}=\sqrt{\dfrac{}{}}=\square$　⬅ 約分を忘れずに

(4) $-\sqrt{48}\div\sqrt{8}=-\sqrt{\dfrac{}{}}=\square$

2 次の数を$\sqrt{a}$の形にしましょう．

(1) $3\sqrt{5}=3\times\sqrt{}=\sqrt{}\times\sqrt{}=\sqrt{}$

(2) $\dfrac{\sqrt{7}}{2}=\dfrac{\sqrt{7}}{\sqrt{}}=\sqrt{\dfrac{}{}}$

3 $\sqrt{}$の中をできるだけ簡単な自然数にしましょう．

(1) $\sqrt{20}=\sqrt{\times5}=\sqrt{}\times\sqrt{5}=\sqrt{5}$

(2) $\sqrt{\dfrac{7}{64}}=\dfrac{\sqrt{7}}{\sqrt{}}=\dfrac{\sqrt{7}}{}$

（整数）^{2} の数

$\sqrt{}$ の中の数を見るとき

$1^2=1$, $2^2=4$, $3^2=9$, $4^2=16$, $5^2=25$, ……

などを考えながら見るとよいでしょう．

パワーアップ

STEP 06

REPEAT

1 次の計算をしましょう.

(1) $\sqrt{2}\times\sqrt{11}$

(2) $\sqrt{30}\div\sqrt{5}$

(3) $(-\sqrt{5})\times(-\sqrt{7})$

(4) $4\sqrt{3}\times2\sqrt{3}$

2 次の数を $\sqrt{a}$ の形にしましょう.

(1) $2\sqrt{7}$

(2) $\dfrac{\sqrt{7}}{3}$

3 次の数を変形して, $\sqrt{}$ の中をできるだけ簡単な自然数にしましょう.

(1) $\sqrt{48}$

(2) $\sqrt{\dfrac{2}{9}}$

4 次の計算をしましょう．ただし，$\sqrt{\quad}$ の中はできるだけ簡単な自然数にしましょう．

(1) $\sqrt{45} \div \sqrt{5}$

(2) $\sqrt{2} \times \sqrt{6}$

(3) $\sqrt{8} \times \sqrt{12}$

← 先に $a\sqrt{b}$ の形に変形しよう

(4) $\dfrac{\sqrt{6}}{8} \div \dfrac{\sqrt{3}}{4}$

← $\div \dfrac{\sqrt{3}}{4}$ は $\times \dfrac{4}{\sqrt{3}}$ に変えて

5 $\sqrt{720}$ を変形し，$\sqrt{\quad}$ の中をできるだけ簡単な自然数にしましょう．

← 720 を素因数分解する

STEP 07

第2章　平方根

分母の有理化

整数と分数をまとめて 有理数 といいます. ← 簡単にいうと分数で表すことのできる数

これに対し，分数で表すことのできない数を

無理数 といいます.

-2, 5, $\frac{2}{3}$, $0.06\left(=\frac{3}{50}\right)$ などは有理数で

$\sqrt{2}$, $-\sqrt{5}$, π（円周率）などは無理数です.

ここで，覚えておきたい平方根の近似値を紹介するよ.

$\sqrt{2}=1.41421356$ ……	（一夜(ひとよ)，一夜(ひとよ)に人見頃(ひとみごろ)）
$\sqrt{3}=1.7320508$ ……	（人(ひと)なみにおごれや）
$\sqrt{5}=2.2360679$ ……	（富士山(ふじさん)ろくオームなく）

$\frac{1}{\sqrt{2}}$は，分母が無理数なので，どんな数か，イメージしにくいですね．これをイメージしやすくするのが 分母の有理化 です.

$$\frac{1}{\sqrt{2}}=\frac{1}{\sqrt{2}}\times\frac{\sqrt{2}}{\sqrt{2}}=\frac{\sqrt{2}}{(\sqrt{2})^2}=\frac{\sqrt{2}}{2}$$

×1と同じ

← 分母の$\sqrt{\ }$がなくなった$\sqrt{2}$の半分の数

イメージしにくい数

イメージできるようになった

基本問題答え

(1) $\frac{1}{\sqrt{3}}\times\frac{\sqrt{3}}{\sqrt{3}}=\frac{\sqrt{3}}{(\sqrt{3})^2}=\frac{\sqrt{3}}{3}$

(2) $\frac{\sqrt{5}}{\sqrt{7}}\times\frac{\sqrt{7}}{\sqrt{7}}=\frac{\sqrt{35}}{(\sqrt{7})^2}=\frac{\sqrt{35}}{7}$

(3) $\frac{\sqrt{3}}{3\sqrt{5}}\times\frac{\sqrt{5}}{\sqrt{5}}=\frac{\sqrt{15}}{3(\sqrt{5})^2}=\frac{\sqrt{15}}{15}$

(4) $\frac{3}{\sqrt{9\times2}}=\frac{3}{3\sqrt{2}}=\frac{1}{\sqrt{2}}=\frac{1}{\sqrt{2}}\times\frac{\sqrt{2}}{\sqrt{2}}=\frac{\sqrt{2}}{(\sqrt{2})^2}=\frac{\sqrt{2}}{2}$

基本問題

次の数の分母を有理化しましょう.

(1) $\dfrac{1}{\sqrt{3}} = \boxed{\dfrac{1}{\sqrt{3}} \times \dfrac{\sqrt{}}{\sqrt{}}} = \boxed{\dfrac{\sqrt{}}{(\sqrt{3})^2}} = \boxed{\dfrac{}{}}$

← 分母に $(\sqrt{3})^2$ をつくる

(2) $\dfrac{\sqrt{5}}{\sqrt{7}} = \boxed{\dfrac{\sqrt{5}}{\sqrt{7}} \times \dfrac{\sqrt{}}{\sqrt{}}} = \boxed{\dfrac{\sqrt{}}{(\sqrt{7})^2}} = \boxed{\dfrac{}{}}$

(3) $\dfrac{\sqrt{3}}{3\sqrt{5}} = \boxed{\dfrac{\sqrt{3}}{3\sqrt{5}} \times \dfrac{\sqrt{}}{\sqrt{}}} = \boxed{\dfrac{\sqrt{}}{3 \times (\sqrt{})^2}}$

$= \boxed{\dfrac{}{}}$

← 分母は $3 \times \sqrt{5}$ で
3 は有理数だから
$\sqrt{5}$ をかけるといいね

(4) $\dfrac{3}{\sqrt{18}} = \boxed{\dfrac{3}{\sqrt{ \times 2}}} = \boxed{\dfrac{3}{\sqrt{2}}}$

$= \boxed{\dfrac{}{\sqrt{2}}} = \boxed{\dfrac{1}{\sqrt{2}} \times \dfrac{\sqrt{}}{\sqrt{}}}$

$= \boxed{\dfrac{\sqrt{}}{(\sqrt{})^2}} = \boxed{\dfrac{}{}}$

← 分母を $a\sqrt{b}$ の形にしよう

← 約分しておくよ

パワーアップ

$\sqrt{2}$ の近似値

$\sqrt{1} < \sqrt{2} < \sqrt{4}$ から $1 < \sqrt{2} < 2$ とわかり, $\sqrt{2}$ の一の位は 1 です. 次に $1.4^2 = 1.96$, $1.5^2 = 2.25$ から $\sqrt{1.96} < \sqrt{2} < \sqrt{2.25}$ なので $1.4 < \sqrt{2} < 1.5$ とわかり, $\sqrt{2}$ の小数第 1 位は 4 です. これをくり返して近似値を求めることができます.

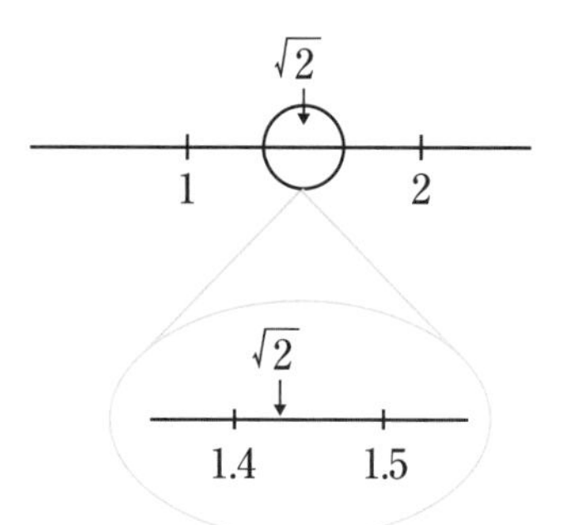

STEP 07

REPEAT

1 次の数を有理数と無理数に分けましょう.

-7 , $\sqrt{0.81}$, $\sqrt{11}$, $-\pi$, $\sqrt{\dfrac{8}{18}}$

2 $\sqrt{2}=1.414$ として，次の近似値を求めましょう.

(1) $2\sqrt{2}$

(2) $-\sqrt{32}$

← $a\sqrt{b}$ の形に直そう

(3) $\sqrt{\dfrac{1}{50}}$

← 分母の有理化

学習日

3 次の数の分母を有理化しましょう.

(1) $\dfrac{1}{\sqrt{5}}$

(2) $\dfrac{\sqrt{2}}{\sqrt{3}}$

(3) $\dfrac{2\sqrt{3}}{3\sqrt{2}}$

(4) $\dfrac{\sqrt{2}}{\sqrt{45}}$

(5) $\dfrac{5\sqrt{2}}{\sqrt{3} \times \sqrt{5}}$

STEP 08

第2章　平方根

平方根の加法・減法

$3\sqrt{2}+4\sqrt{2}$ を計算してみると

$3\sqrt{2}=3\times\sqrt{2}$，$4\sqrt{2}=4\times\sqrt{2}$ なので，$\sqrt{2}=a$ と考えると $3a+4a=7a$ となるね．

だから，

$$3\sqrt{2}+4\sqrt{2}=7\sqrt{2}$$

だね．加法を減法に変えても，考え方は同じだよ．

$$3\sqrt{2}-4\sqrt{2}=(3-4)\sqrt{2}=-\sqrt{2}$$

← 1 は省略するよ

つまり **文字式の計算と同じ**

だから同類項は必ずまとめます．

注意 1　$\sqrt{2}$ と $\sqrt{3}$ は同類項ではない！

$\sqrt{2}+\sqrt{3}$ は，これ以上まとめることはできないよ．

注意 2　$\sqrt{\ }$ の中はできる限り簡単な自然数にするよ！

$\sqrt{3}+\sqrt{12}$ は，計算できないように見えるけど

$\sqrt{12}=2\sqrt{3}$ なので，

$$\sqrt{3}+\sqrt{12}=\sqrt{3}+2\sqrt{3}=3\sqrt{3}$$

と計算できます．気をつけてね．

(1)　$(4+2)\sqrt{5}=6\sqrt{5}$　　(2)　$(5-1)\sqrt{3}=4\sqrt{3}$

(3)　$2\sqrt{3}+3\sqrt{3}=5\sqrt{3}$

(4)　$6\sqrt{2}-\dfrac{4}{\sqrt{2}}\times\dfrac{\sqrt{2}}{\sqrt{2}}=6\sqrt{2}-2\sqrt{2}=4\sqrt{2}$

(5)　$(4-2)\sqrt{3}+(5-1)\sqrt{7}=2\sqrt{3}+4\sqrt{7}$

基本問題

次の計算をしましょう．

(1) $4\sqrt{5}+2\sqrt{5}=$ $(\quad + \quad)\sqrt{5}$ $=$ $\boxed{\quad}$ ← 分配法則

(2) $5\sqrt{3}-\sqrt{3}=$ $(\quad - \quad)\sqrt{3}$ $=$ $\boxed{\quad}$

(3) $\sqrt{12}+\sqrt{27}=$ $\quad\sqrt{3}+\quad\sqrt{3}$ ← $\sqrt{\ }$ の中を簡単に

$=$ $\boxed{\quad}$

(4) $6\sqrt{2}-\dfrac{4}{\sqrt{2}}=$ $6\sqrt{2}-\dfrac{4}{\sqrt{2}}\times\dfrac{\sqrt{\ }}{\sqrt{\ }}$ ← 分母の有理化

$=$ $6\sqrt{2}-\quad\sqrt{2}$

$=$ $\boxed{\quad}$

(5) $4\sqrt{3}+5\sqrt{7}-2\sqrt{3}-\sqrt{7}$ ← $\sqrt{3}$ と $\sqrt{7}$ は同類項でない

$=$ $(\quad)\sqrt{3}+(\quad)\sqrt{7}$

$=$ $\boxed{\quad}$

$\sqrt{2}$ と $\sqrt{3}$ は同類項ではない！

$\sqrt{2}+\sqrt{3}$ は，これ以上まとめることはできません．右のように間違ってしまう人がいますが、注意しましょう．

$\sqrt{2}+\sqrt{3}=\sqrt{5}$ ✕

ダメ

$\sqrt{2}+\sqrt{3}\fallingdotseq 1.414+1.732=3.146$

$\sqrt{5}\fallingdotseq 2.236$ ← ちがうね →

STEP 08

REPEAT

1 次の計算をしましょう.

(1) $2\sqrt{5}+\sqrt{5}+3\sqrt{5}$

(2) $\sqrt{3}-4\sqrt{3}$

(3) $8\sqrt{2}-4\sqrt{3}-2\sqrt{2}+3\sqrt{3}$

2 次の計算をしましょう.

(1) $\sqrt{54}+\sqrt{24}$

(2) $3\sqrt{5}+\dfrac{1}{\sqrt{5}}$

(3) $\sqrt{32}-\sqrt{18}+\sqrt{8}$

学習日

3 次の計算をしましょう.

(1) $4\sqrt{3}-\dfrac{9}{\sqrt{3}}+\sqrt{12}$

(2) $\sqrt{20}+\sqrt{18}-\sqrt{125}+\sqrt{32}$

4 次の計算をしましょう.

(1) $\sqrt{5}(2\sqrt{10}-3)$

(2) $(\sqrt{3}+1)(\sqrt{3}+2)$

← $\sqrt{3}=x$ とすると $(x+1)(x+2)$

(3) $(\sqrt{6}-\sqrt{3})^2$

← $(a-b)^2=a^2-2ab+b^2$

(4) $(\sqrt{3}+2)(2\sqrt{2}-1)$

(5) $(\sqrt{12}+\sqrt{18})(2\sqrt{3}-3\sqrt{2})$

STEP 09

第2章　平方根

真の値と近似値

測定して得られた値のように真の値に近い値のことを **近似値** といいます.

近似値から真の値を引いた値を **誤差** といいます.

$$(\text{誤差}) = (\text{近似値}) - (\text{真の値})$$

注意　誤差はふつう，誤差の絶対値を用います.

近似値を表す数で，信頼できる数字を **有効数字** といい，

その数字の個数を **有効数字のけた数** といいます.

有効数字のけた数をはっきりさせるために，整数部分が1けたの小数と10の何乗かの積の形に表すことがあります.

測定値が1570 g で
有効数字が3けたの場合
1.57×10^3 (g)

1　5，$625 \leqq a < 635$

2　(1)　3.78×10^2

(2)　7.23×10^3

(3)　5.20×10^4

基本問題

1 家から学校までの距離を測定し，10 m 未満を四捨五入すると630 m でした．このとき，真の値 a (m)の範囲を，不等号を用いて表しましょう．

解答 10 m 未満を四捨五入しているから

誤差の絶対値は

真の値の範囲
630 a

$\boxed{}$ m 以下だから

不等号

a の値の範囲は，$\boxed{}$ ◯ a ◯ $\boxed{}$

2 次の近似値を，有効数字 3 けたで表しましょう．

(1) $378\ \text{mm} = \boxed{} \times \boxed{10}$ mm

(2) $7230\ \text{cm}^3 = \boxed{} \times \boxed{10}\ \text{cm}^3$

(3) $52000\ \text{kg} = \boxed{} \times \boxed{10}$ kg

真の値の範囲に注意！

パワーアップ

ある数 a の小数第 1 位を四捨五入した近似値が17のとき，a の値の範囲は？

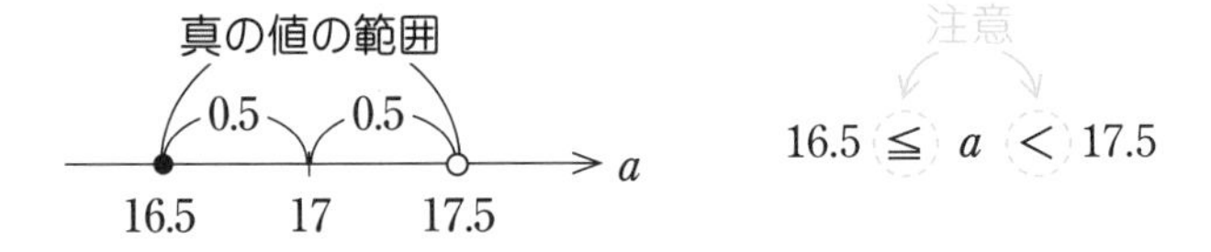

STEP 09 REPEAT

1 定規で測ると，43 mm より長く，44 mm より短い線分の真の値 a (mm)の範囲を求めましょう．

2 次の近似値を有効数字 2 けたで表しましょう．

(1) 12

(2) 310

(3) 9800

(4) 7

学習日

自己評価　再度チャレンジ　ナットク　完全合格

3　デジタル温度計を見ると，右のように 26.0 ℃と表示されていました．このとき，真の値 a（℃）の範囲を求めましょう．

4　次の近似値を有効数字 4 けたで表しましょう．

(1)　1258 g

(2)　6020 個

(3)　1200000 人

(4)　42.1 km

第２章　期末対策

1　次の数の平方根を求めましょう.

(1)　16　　　　(2)　13

2　次の組の大小を比べ，不等号を使って表しましょう.

(1)　$\sqrt{11}$ と $2\sqrt{3}$　　　　(2)　$4\sqrt{1.5}$ と 5

3　次の数の分母を有理化しましょう.

(1)　$\dfrac{\sqrt{5}}{\sqrt{8}}$　　　　(2)　$\dfrac{2}{\sqrt{75}}$

学習日

4 次の計算をしましょう.

(1) $3\sqrt{2} \times \sqrt{6}$

(2) $\sqrt{2} \div \sqrt{3} \times \sqrt{6}$

(3) $(1+\sqrt{2})(2-\sqrt{2})-(3-\sqrt{2})^2$

(4) $\sqrt{8}-5\sqrt{2}$

(5) $\sqrt{20}+\sqrt{45}$

(6) $\sqrt{20}-\dfrac{2}{\sqrt{45}}-\sqrt{80}$

第2章　期末対策

5　$\sqrt{3}=1.732$ として，次の近似値を求めましょう．

(1)　$2\sqrt{3}$

(2)　$\dfrac{3}{\sqrt{3}}$

6　次の問いに答えましょう．

(1)　$2<\sqrt{a}<3$ をみたす正の整数 a をすべて求めましょう．

(2)　面積が $128\ \mathrm{m}^2$ の正方形の土地があります．この土地の１辺の長さを求めましょう．ただし，$\sqrt{2}=1.414$ とします．

学習日

7 $x=\sqrt{5}+\sqrt{3}$，$y=\sqrt{5}-\sqrt{3}$ のとき，次の値を求めましょう．

(1) $x+y$

(2) xy

(3) x^2+y^2

(4) $(x+y)^2-(x-y)^2$

STEP 10

第3章　2次方程式

2次方程式

$ax^2+bx+c=0$（a は 0 でない定数，b，c は定数）の形で表される方程式を，

x についての 2次方程式 といいます．

例　$x^2-x-2=0$，$2x^2-8=0$，$3x^2-x=0$　　⬅ $b=0$，$c=0$ の場合もあるよ

上の方程式はすべて，x についての 2 次方程式です．

2 次方程式を成り立たせる値を，その 2 次方程式の 解 といい，すべての解を

求めることを，2 次方程式を 解く といいます．

2 次方程式を解くときは，まず 因数分解 ができないか考えます．

ポイントは

$$(x の 1 次式)(x の 1 次式)=0 \quad の形$$

をつくることです．

$a\times b=0$　のとき　$a=0$　または　$b=0$

であることを利用するわけです．

1　$x=-2$ のとき（左辺）$=4+2-2=4$，$x=-1$ のとき（左辺）$=1+1-2=0$

$x=0$ のとき（左辺）$=0+0-2=-2$，$x=1$ のとき（左辺）$=1-1-2=-2$

$x=2$ のとき（左辺）$=4-2-2=0$　　解は $x=-1$ と $x=2$

2　(1)　$(x+2)(x-2)=0$，　$x+2=0$ または $x-2=0$　　$x=-2,2$

(2)　$x(x-5)=0$，　$x=0$ または $x-5=0$　　$x=0,5$

基本問題

1 2次方程式 $x^2-x-2=0$ の解は，x の値が -2，-1，0，1，2 のうちどれか調べましょう.

←等式が成り立つものをさがすよ

解答 $x=-2$ のとき（左辺）＝ [　　　　-2] ＝ [　]

$x=-1$ のとき（左辺）＝ [　　　　-2] ＝ [　]

$x=0$ のとき　（左辺）＝ [　　　　] ＝ [　]

$x=1$ のとき　（左辺）＝ [　　　　] ＝ [　]

$x=2$ のとき　（左辺）＝ [　　　　] ＝ [　]

これより $x^2-x-2=0$ の解は [$x=$ 　 と $x=$ 　]

2 次の2次方程式を解きましょう.

(1) $x^2-4=0$

(2) $x^2-5x=0$

解答 (1) 左辺を因数分解して [$(x+\quad)(x-\quad)=0$]

よって [　　$=0$ または 　　$=0$] ゆえに [$x=$ 　 ,]

(2) 左辺を因数分解して [$x(\qquad)=0$]

よって [$x=0$ または 　　$=0$] ゆえに [$x=$ 　 ,]

STEP 10

REPEAT

1 xの値が1，2，3，4，5のうち，2次方程式 $x^2-6x+8=0$ の解はどれか調べましょう．

2 次の方程式を解きましょう．

(1) $3x^2=9$

(2) $x^2+7x=0$

(3) $2x^2+6x=0$

(4) $2x^2+4x+1=x^2+1$

← 移項して式を整理

学習日

3 次の方程式を解きましょう.

(1) $3x^2-48=0$

(2) $x^2-5=0$

← $x^2=5$ ですから,
x は 5 の平方根

(3) $2x^2-8x+6=2x+6$

(4) $(x+2)^2=25$

← $x+2=X$ とおく

(5) $(x-1)^2=3$

← $x-1=X$ とおく

STEP 11

第3章　2次方程式

2次方程式の解き方（1）

2次方程式 $x^2+px+q=0$（p, q は定数）を解くには

① 因数分解する方法

② $(x+m)^2=n$（m, nは定数）の形にする方法

の2通りあります．必ず①から考えるようにします．

• $x^2+2x-3=0$ を因数分解で解くと

$$(x+3)(x-1)=0$$

これより　$x+3=0$　または　$x-1=0$

よって　$x=-3,\ 1$

• $x^2+2x-3=0$ を $(x+m)^2=n$ に変形して解くと

定数項の -3 を移項して　$x^2+2x=3$

両辺に x の係数2の半分の2乗，すなわち1　← $\left(\frac{2}{2}\right)^2=1^2=1$

をたして　$x^2+2x+1=3+1$　　よって　$(x+1)^2=4$　← $x^2+2ax+a^2=(x+a)^2$

これより　$x+1=2$　または　$x+1=-2$

よって　$x=1,\ -3$

(1)　$(x+2)(x+3)=0$　　これより　$x+2=0$　または　$x+3=0$

よって　$x=-2,\ -3$

(2)　$x^2-4x=-1$,　$x^2-4x+4=-1+4$

$(x-2)^2=3$　　これより　$x-2=\sqrt{3}$　または　$x-2=-\sqrt{3}$

よって　$x=2+\sqrt{3},\ 2-\sqrt{3}$

基本問題

次の方程式を，指定された方法で解きましょう．

(1)　$x^2+5x+6=0$　[因数分解]　(2)　$x^2-4x+1=0$　[$(x+m)^2=n$ の形]

解答　(1)　和が 5，積が 6 だから，左辺を因数分解すると

$(x\qquad)(x\qquad)=0$

これより　$\qquad=0$　または　$\qquad=0$

よって　$x=\qquad,$

(2)　定数項を右辺に移項して　$x^2-4x=$

両辺に x の係数 -4 の半分の 2 乗，すなわち 4　← $\left(\frac{-4}{2}\right)^2=4$

をたして　$x^2-4x+\qquad=$

左辺を因数分解して　$(x\qquad)^2=$

これより　$x\qquad=$　または　$x\qquad=$

よって　$x=\qquad,$

つくり方をしっかりマスターしよう！

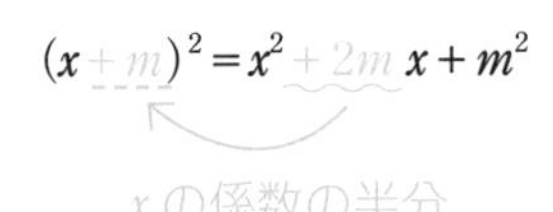

x の係数の半分

です．この展開公式を利用して，$x^2+px+q=0$ を $(x+m)^2=n$ に変形します．ポイントは x の係数 $+p$ です．

STEP 11 REPEAT

1 次の方程式を左辺を因数分解して解きましょう.

(1) $x^2+5x+4=0$

(2) $x^2-20x+100=0$

(3) $x^2-7x+10=0$

(4) $x^2+2x-15=0$

(5) $0.1x^2+1.4x+4.9=0$

(6) $0.2x^2-0.2x-4=0$

(7) $\frac{1}{6}x^2-\frac{1}{2}x+\frac{1}{3}=0$

(8) $\frac{1}{12}x^2-\frac{1}{3}x-1=0$

学習日

2 次の方程式を $(x+m)^2=n$ （m, n は定数）の形に変形して解きましょう.

(1) $x^2-2x-4=0$

(2) $x^2+6x-9=0$

(3) $x^2+4x-3=0$

(4) $x^2+10x-1=0$

STEP 12

第3章　2次方程式

2次方程式の解き方（2）

2 次方程式を機械的に解く公式があります．

$ax^2+bx+c=0\quad(a\neq 0)$ の解 x は

$$x=\frac{-b\pm\sqrt{b^2-4ac}}{2a}$$

←± は＋のときと－のときの 2 つの解のこと

これを 2 次方程式の 解の公式 といいます．

例　(1)　$3x^2+5x+2=0$ を解の公式で解くと，$a=3$，$b=5$，$c=2$ を代入して，

$$x=\frac{-5\pm\sqrt{5^2-4\times3\times2}}{2\times3}=\frac{-5\pm\sqrt{1}}{6}$$

$\sqrt{1}=1$ だから　$x=\frac{-5+1}{6}=-\frac{2}{3}$　と　$x=\frac{-5-1}{6}=-1$

よって　$x=-\frac{2}{3}$，-1

(2)　$3x^2-5x-1=0$ を解の公式で解くと，$a=3$，$b=-5$，$c=-1$ を代入して

$$x=\frac{-(-5)\pm\sqrt{(-5)^2-4\times3\times(-1)}}{2\times3}=\frac{5\pm\sqrt{25+12}}{6}=\frac{5\pm\sqrt{37}}{6}$$

これは　$x=\frac{5+\sqrt{37}}{6}$ と $x=\frac{5-\sqrt{37}}{6}$　のことです．

(1)　$x=\frac{-3\pm\sqrt{(3)^2-4\times1\times(-2)}}{2\times1}=\frac{-3\pm\sqrt{17}}{2}$

(2)　$x=\frac{-(-2)\pm\sqrt{(-2)^2-4\times1\times(-7)}}{2\times1}=\frac{2\pm\sqrt{32}}{2}$

$=\frac{2\pm4\sqrt{2}}{2}=1\pm2\sqrt{2}$

基本問題

次の方程式を解の公式で解きましょう.

(1)　$x^2+3x-2=0$　　　　(2)　$x^2-2x-7=0$

解答　(1)　$a=1,\ b=3,\ c=-2$ を解の公式に代入して

$$x=\frac{-\square\pm\sqrt{(\quad)^2-4\times1\times(\quad)}}{2\times1}$$　← $\dfrac{-b\pm\sqrt{b^2-4ac}}{2a}$

$$=\frac{-\square\pm\sqrt{\square}}{2}$$

(2)　$a=1,\ b=-2,\ c=-7$ を解の公式に代入して

$$x=\frac{-(\quad)\pm\sqrt{(\quad)^2-4\times1\times(\quad)}}{2\times1}$$　← $\dfrac{-b\pm\sqrt{b^2-4ac}}{2a}$

$$=\frac{\square\pm\sqrt{\square}}{2}$$

$$=\frac{\square\pm\square\sqrt{\square}}{2}$$　← $\sqrt{\quad}$ の中を簡単にする

$$=\square$$　← 約分する

解の個数

因数分解や，解の公式では解は2個が多かった．これに対し $x^2-6x+9=0$ では $x=3$ の1個．実は $x^2-6x+9=0$ は $(x-3)^2=(x-3)(x-3)=0$ と考えると2つの解がともに3のときなのです．

$x^2-5x+6=0 \rightarrow x=2,3$

$5x^2+2x-1=0 \rightarrow x=\dfrac{-1\pm\sqrt{6}}{5}$

どちらも2つの解

STEP 12

REPEAT

1 次の方程式を解の公式を用いて解きましょう.

(1) $x^2+5x+2=0$

(2) $2x^2+5x-3=0$

(3) $x^2-4x+2=0$

(4) $5x^2+8x-1=0$

学習日

自己評価

2 次の方程式を解の公式を用いて解きましょう．

(1)　$9x^2-6x-8=0$

(2)　$2x^2+2x-1=0$

(3)　$4x^2-7x=0$

(4)　$x^2-\frac{2}{5}x+\frac{1}{25}=0$　　← 両辺を 25 倍して，係数を整数に

STEP 13

第３章　２次方程式

２次方程式の利用

文章題を解くときの手順は

手順 1：　問題文をしっかり読み，何を文字で表すか考える（基本は，求めたいものを文字でおく）.

手順 2：　問題文通りに方程式をつくる.

手順 3：　つくった方程式を解く.

手順 4：　求めた解が，問題にあった数であるかどうか確認する.

手順 5：　答えをかく.

2 次方程式では，解の個数が 2 個の場合が多く，一方が答えで，他方は問題にあっていない場合があります.

手順 4 の確認は，とても大事になります.

横の長さ　$x+7$ cm

$x\times(x+7)=78$

$x^2+7x-78=0$

$(x+13)(x-6)=0$

よって　$x=-13,\ 6$

x は正の数なので　$x=6$

したがって，求める横の長さは　$6+7=13$ cm

基本問題

横の長さが，縦の長さより 7 cm 長い長方形があります．この長方形の面積が 78 cm^2 であるとき，横の長さを求めましょう．

解答 縦の長さを x cm とおくと

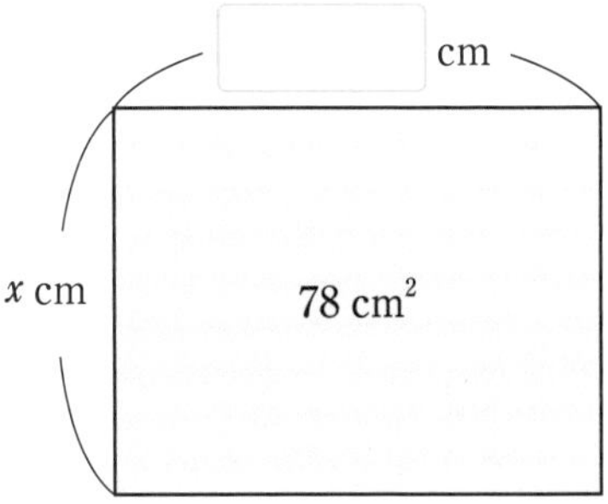

横の長さは [　　　] cm

だから，面積について

$x \times ($　　　　　$) = 78$

　　　　　　$= 0$　　← 左辺を展開し，右辺の 78 を移項して整理

$($　　$)($　　$) = 0$　　← 左辺を因数分解

よって　$x =$　　,

x は正の数なので　$x =$　　← 手順 1 を確認

したがって，求める横の長さは [　　$+7=$　　] cm

横の長さが問われている

横の長さを y cm とおくと，縦の長さは $(y-7)$ cm となります．これでもかまいませんが，問題文通りではありません．

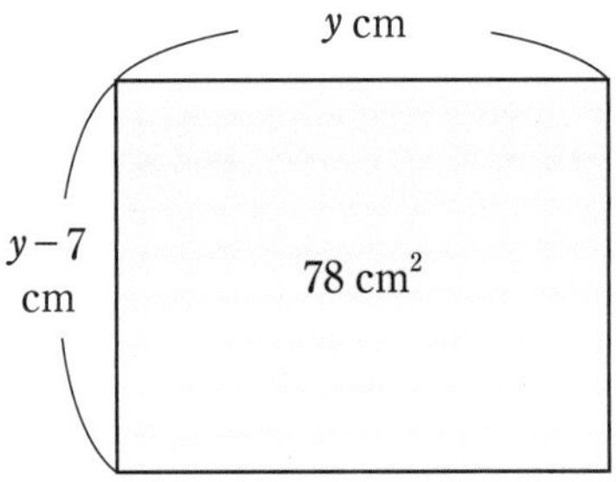

パワーアップ

STEP 13

REPEAT

1 正方形の1辺の長さを1 cm 長くし，これととなり合う辺は2 cm 短くした長方形の面積が54 cm^2 のとき，次の問いに答えましょう．

(1) 正方形の1辺の長さを x cm として，長方形のとなり合う2辺の長さを x を用いてそれぞれ表しましょう．

(2) 問題文から方程式をつくりましょう．

(3) 正方形の1辺の長さを求めましょう．

2 5以上のある数 x があります．x から3を引いて2乗した数が，x を2倍して3を引いた数に等しくなるとき，ある数 x を求めましょう．

3 横の長さが縦の長さより4 cm 短い長方形の紙があります．この紙の四すみから，1辺が3 cmの正方形を切りとり，ふたのない直方体の容器をつくると容積が96 cm^3 になるといいます．紙の縦の長さと横の長さをそれぞれ求めましょう．

3cm
3cm

第3章　期末対策

1　次の方程式を解きましょう.

(1)　$4x^2-6x=0$

(2)　$x^2+12x+35=0$

(3)　$x^2-4x-7=2-4x$

(4)　$x^2+4x+2=0$

(5)　$x^2-6x+4=0$

(6)　$2x^2=(3x+2)(x-2)$

2　xについての２次方程式 $x(x+2a)-9a=0$ の１つの解が３であるとき，次の問いに答えましょう．

(1)　aの値を求めましょう．

(2)　もう１つの解を求めましょう．

3　ある正の整数の平方を求めるところを，誤って２だけ大きい数との積を求めたので，答えが288になりました．正しい答えを求めましょう．

自己評価

4 右の図の直角三角形 ABC で点 P は，毎秒 3 cm の速さで A から B まで動き，点 Q は毎秒 2 cm の速さで，B から C まで動くものとします．点 P，Q がそれぞれ点 A，B を同時に出発するとして次の問いに答えましょう．

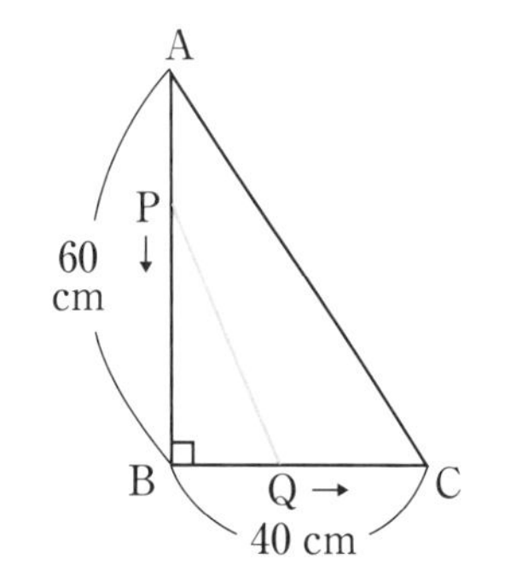

⑴ 点 P，Q がそれぞれ点 A，B を出発してから x 秒後の PB，BQ の長さを x を用いて表しましょう．

⑵ x のとり得る値の範囲(変域)を求めましょう．

⑶ △PBQ の面積が 297 cm^2 になるのは，P，Q が動きはじめてから何秒後ですか．

STEP 14

第4章　関数 $y=ax^2$

関数 $y=ax^2$

中学1年のとき，y が x に比例する関数を扱いました．式は，a を比例定数として $y=ax$ と表せましたね．今回は，y が x の2乗（x^2）に比例する関数です．

式は a を比例定数として（a は0でない定数）

$$y=ax^2$$

となります．

$y=2x^2$ を考えてみよう！

2倍　3倍　2倍

x	-2	-1	0	1	2	3	4
x^2	4	1	0	1	4	9	16
y	8	2	0	2	8	18	32

4倍　9倍　4倍

表から

x の値が，2倍になると，y の値は 4倍 になります．

x の値が，3倍になると，y の値は 9倍 になります．

一方，$x \neq 0$ のとき，$\dfrac{y}{x^2}$ の値は，すべて 2

となっています．この値が比例定数ですね．

(1)　$y=x^2$　　(2)　$xy=24$　だから　$y=\dfrac{24}{x}$

(3)　$y=12-\dfrac{1}{5}x$　　(4)　$y=\pi x^2$

(5)　$y=4x^2$

y が x^2 に比例するものは　(1)，(4)，(5)

基本問題

次の(1)〜(5)について，x と y の関係を式に表しましょう．また，y が x の2乗に比例するものをすべて選びましょう．

(1)　1辺の長さが x cm の正方形の面積 y cm^2

(2)　縦の長さ x cm，横の長さ y cm の長方形の面積 24 cm^2

［　　　　$=24$］　だから　［$y=$　　　　］

(3)　12 cm のローソクに火をつけ，毎分 $\frac{1}{5}$ cm の割合で短くなるときの x 分後（$0 \leqq x \leqq 60$）のローソクの長さ y cm

［$y=$　　　　］

(4)　半径 x cm の円の面積 y cm^2　［$y=$　　　　］

(5)　縦の長さが x cm，横の長さが $4x$ cm の長方形の面積 y cm^2

［$y=$　　　　］

以上より　y が x^2 に比例するものは　［　　　　］

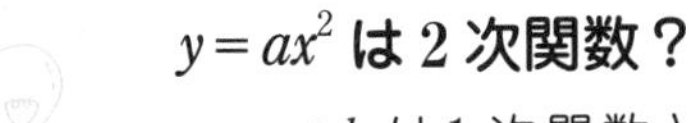

$y=ax^2$ は2次関数？

$y=ax+b$ は1次関数といいましたね．では，$y=ax^2$ は右辺が x の2次式ですから2次関数ということになります．ただし，x の2次式の一般的な形は ax^2+bx+c ですから，$y=ax^2$ は2次関数の特別な場合ということになります．

パワーアップ

STEP 14 REPEAT

1 次の(1)〜(4)について，xとyの関係を式に表しましょう．また，yがx^2に比例するものをすべて選びましょう．

(1) 底面が1辺x cmの正方形で，高さが5 cmの正四角柱の体積y cm^3

(2) 半径$3x$ cmの円の周の長さy cm

(3) 周の長さが20 cmで，横の長さがx cmの長方形の面積y cm^2

(4) 底面の半径がx cmで，高さが6 cmの円すいの体積y cm^3

これより，yがx^2に比例しているのは（　　　　　）

2 関数$y=ax^2$で，xとyの値が下の表のように対応しています．表の㋐〜㋒にあてはまる数を答えましょう．また，比例定数aの値を求めましょう．

x	-1	0	1	2	3	4	5
y	㋐	0	-3	-12	㋑	-48	㋒

㋐	㋑	㋒

比例定数aの値は

$a=$

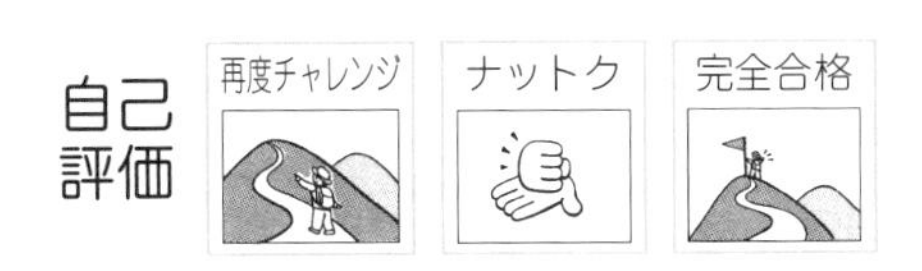

3 次の(1)〜(4)について，xとyの関係を式に表しましょう．また，yがx^2に比例するものをすべて選び，比例定数を答えましょう．

(1) 直径x cmの円の面積y cm^2

(2) 1辺の長さが$2x$ cmの立方体の表面積y cm^2

(3) 半径x cmの球の体積y cm^3

(4) 底面の円の半径がx cm，高さx cmの円柱の側面積y cm^2

これより，yがx^2に比例しているのとそれぞれ比例定数は

(　　　　　　　　　　　　　　　　　　　　)

4 関数 $y=ax^2$ で，xとyの値が下の表のように対応しています．表の㋐〜㋒にあてはまる数を答えましょう．また，比例定数aの値を求めましょう．

x	0	3	5	6	㋒
y	0	㋐	㋑	21.6	38.4

比例定数aの値は

$a=$

STEP 15

第4章　関数 $y=ax^2$

関数 $y=ax^2$ のグラフ

$y=ax^2$ のグラフは 放物線 になります.

$y=x^2$ のグラフは

x	-3	-2	-1	0	1	2	3
y	9	4	1	0	1	4	9

上の対応表から，x，y の値の組を座標とする点をとって，なめらかな曲線で結んでいきます.

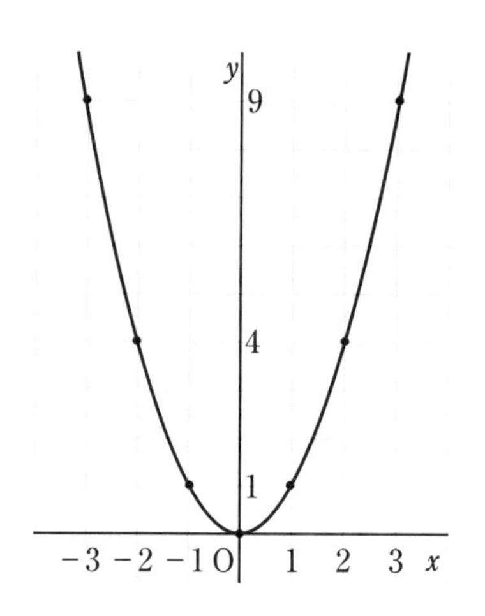

$y=ax^2$ のグラフは

① 原点(0，0)を通る（放物線の頂点）

② グラフは，y 軸について対称（y 軸を放物線の軸）

(ア)　$a>0$ のとき「下に凸の放物線」　　(イ)　$a<0$ のとき「上に凸の放物線」

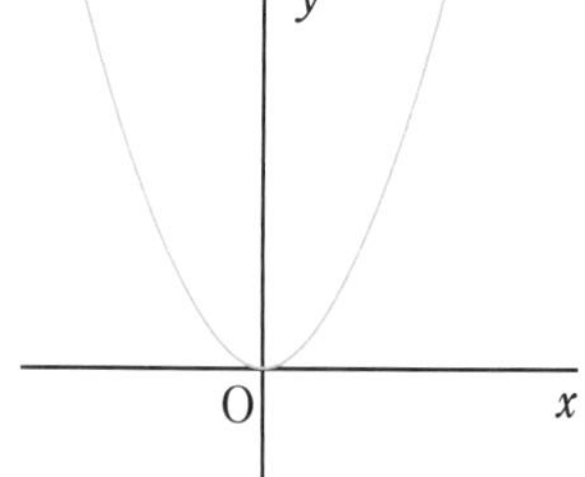

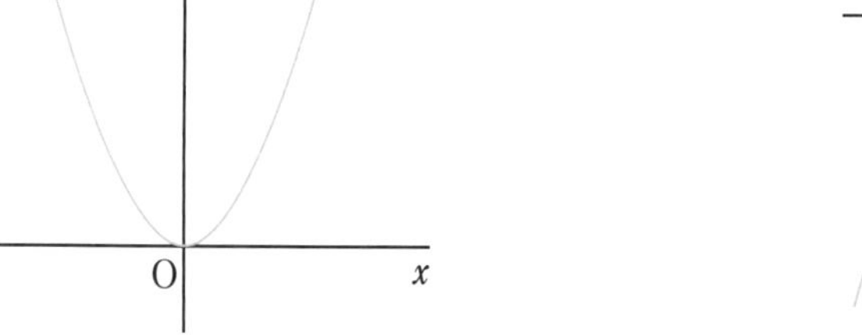

1　(1)

x	-3	-2	-1	0	1	2	3
y	18	8	2	0	2	8	18

(2)　図1

2　(1)　$\frac{1}{2}$，$\frac{1}{2}$

(2)　-1，x 軸

グラフは図2

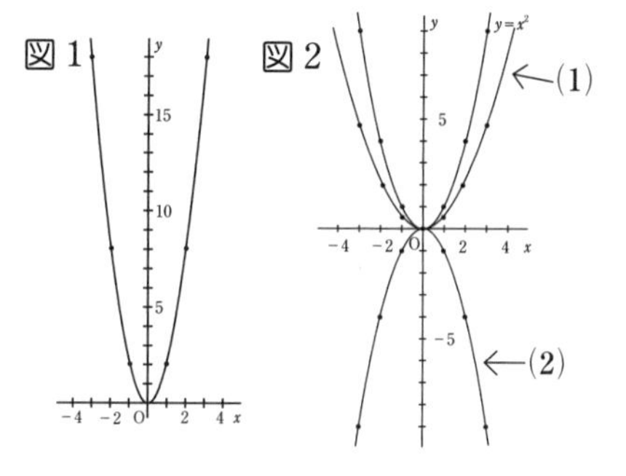

基本問題

1 関数$y=2x^2$について，次の問いに答えましょう．

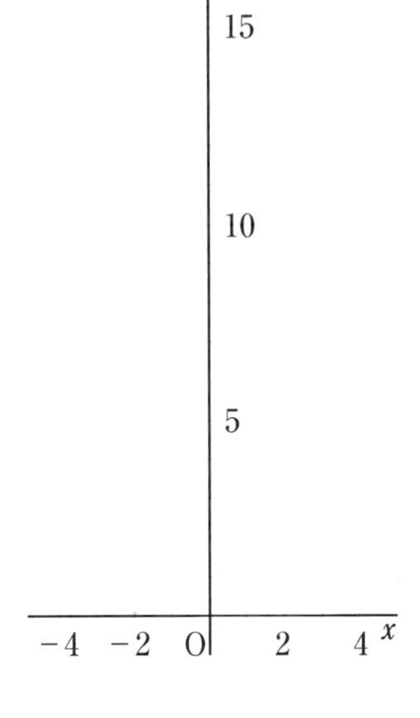

(1) 下の対応表を完成させましょう．

x	-3	-2	-1	0	1	2	3
y				0			

(2) (1)の対応表をもとにして，それぞれの点をとって，$y=2x^2$のグラフをかきましょう．

2 関数 $y=x^2$ のグラフをもとに，次のグラフをかきましょう．

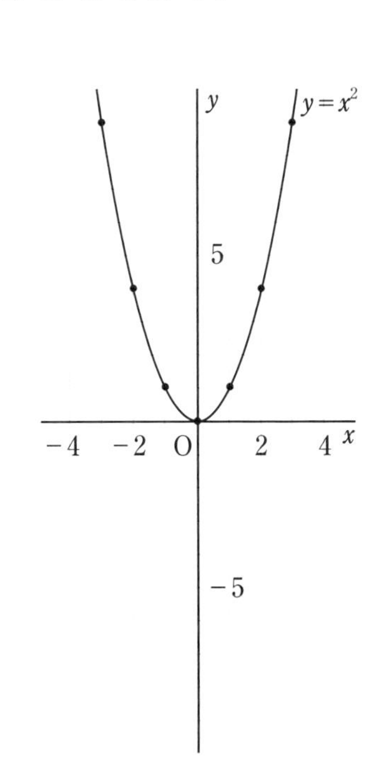

(1) $y=\dfrac{1}{2}x^2$

比例定数は［　　］で正なので，

$y=\dfrac{1}{2}x^2$のグラフは，下に凸の放物線．

$y=x^2$のグラフの各点のy座標を

［　　］倍したグラフ．

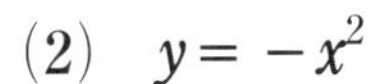

(2) $y=-x^2$

比例定数は［　　］で負なので，

$y=-x^2$のグラフは上に凸の放物線．

$y=x^2$のグラフを  に関して

対称移動したグラフ．

STEP 15

REPEAT

1 次の関数のグラフをかきましょう.

$y=-2x^2$

x	-3	-2	-1	0	1	2	3
y							

2 右図の (1)〜(4) のグラフを表す放物線の式を, 次の中から選びましょう.

$y=x^2$, $y=2x^2$, $y=\frac{1}{2}x^2$

$y=\frac{1}{4}x^2$, $y=-x^2$, $y=-2x^2$

$y=-\frac{1}{2}x^2$, $y=-\frac{1}{3}x^2$

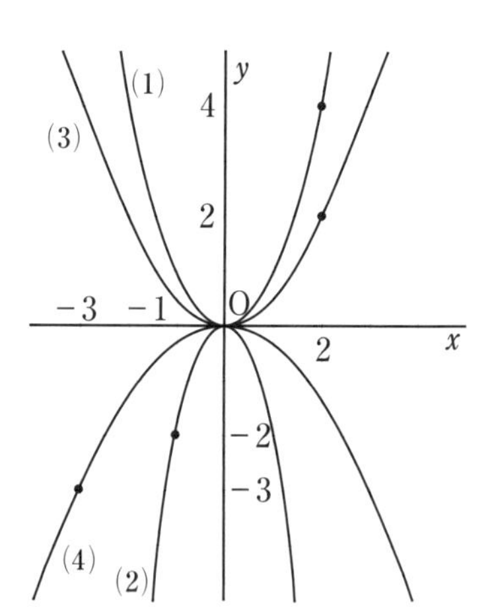

(1)

(2)

(3)

(4)

学習日

自己評価 再度チャレンジ ナットク 完全合格

3 次の関数のグラフをかきましょう．

$y=\frac{3}{2}x^2$

x	-4	-2	0	2	4
y					

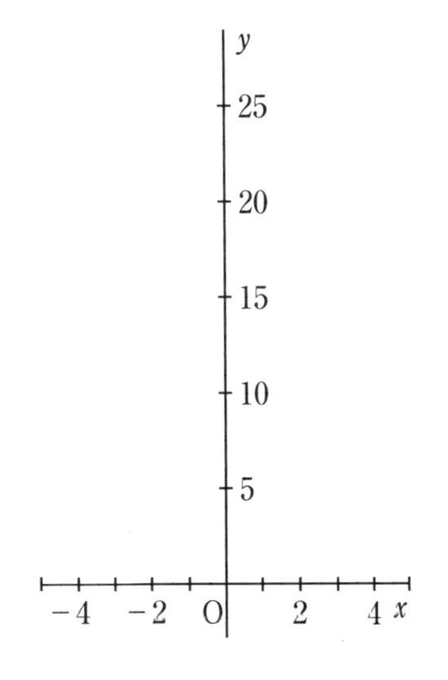

4 右図の (1)〜(4) のグラフを表す放物線の式を，次の中から選びましょう．

$y=x^2$, $y=2x^2$, $y=\frac{1}{2}x^2$

$y=\frac{1}{4}x^2$, $y=-x^2$, $y=-2x^2$

$y=-\frac{1}{2}x^2$, $y=-\frac{1}{3}x^2$

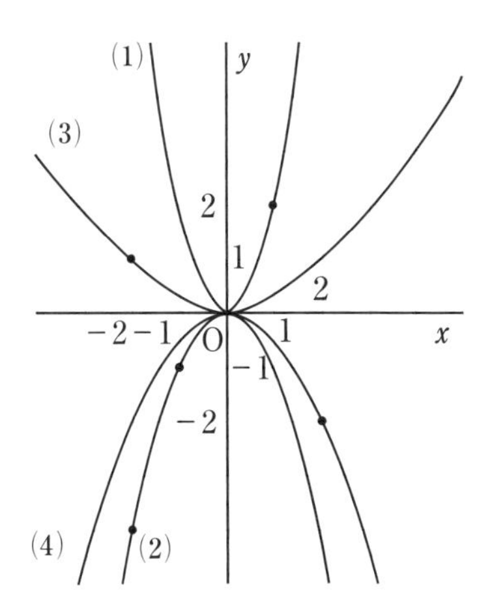

(1)

(2)

(3)

(4)

STEP 16

第4章　関数 $y=ax^2$

式の決定

これまでの関数と同じように，関数 $y=ax^2$ の式を決定するには，

① 与えられた条件から式を決定する

② グラフから読みとって式を決定する

の 2 つの方法があります．

求めたいのは，比例定数 a の値だけだから，

①，② どちらの場合でも，1 組の（x，y）の値を考えるといいですね．

ヒントとなる用語

- y が x^2 に比例する．
- グラフが原点を頂点とする放物線

どちらの場合も

$y=ax^2$（a は 0 でない定数）

とおくことができます．

1 (1) $12=a\times 4$,　$a=3$,　$y=3x^2$

(2) $-36=a\times 9$,　$a=-4$,　$y=-4x^2$

2 点（2，8），　$8=a\times 4$,　$a=2$,　$y=2x^2$

基本問題

1 次の(1)，(2)について，yをxの式で表しましょう．

(1) yはx^2に比例し，$x=2$ のとき $y=12$

(2) グラフが原点を頂点とする放物線で，点 (3, −36) を通る．

解答 (1) yはx^2に比例するから，$y=ax^2$ ($a \neq 0$ の定数) とおいて
$x=2$ のとき $y=12$ だから代入すると

[　　$=a\times$　　] これより [$a=$　　] よって [$y=$　　]

(2) グラフが原点を頂点とする放物線だから，$y=ax^2$ ($a \neq 0$ の定数)とおいて，点 (3, −36) を通るから，値を代入して

[　　$=a\times$　　] これより [$a=$　　] よって [$y=$　　]

2 右の図は$y=ax^2$のグラフです．
yをxの式で表しましょう．

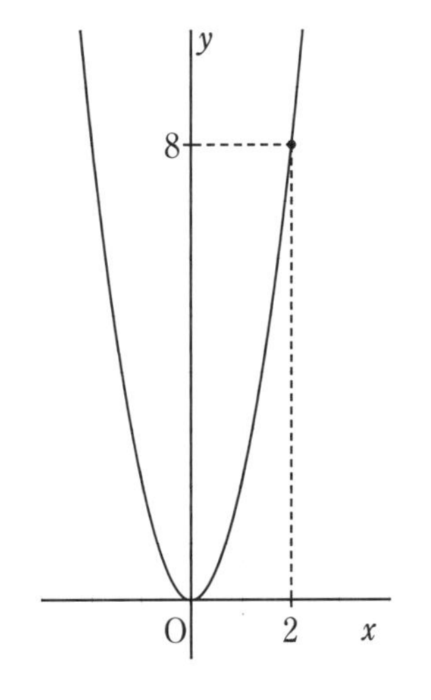

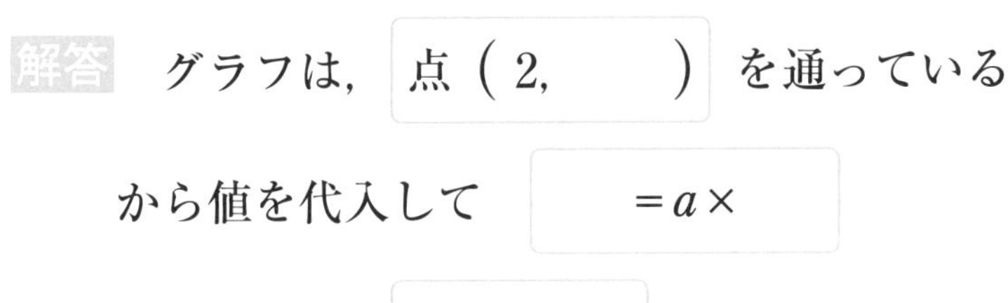

解答 グラフは，[点 (2,　　)] を通っている

から値を代入して [　　$=a\times$　　]

これより [$a=$　　]

よって [$y=$　　]

放物線の利用

パワーアップ

放物線はあまりなじみがないと思う人が多いですが，ボールを斜め上に投げたときの軌道がほぼ放物線となっていますし，衛星放送のパラボナアンテナも，放物線を軸のまわりに回転させた面が使われています．

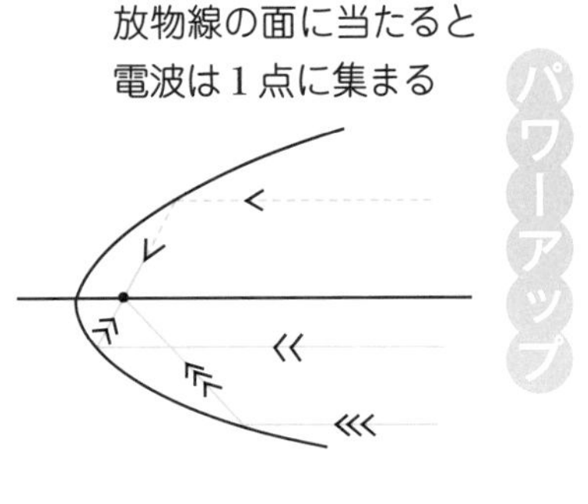

STEP 16 REPEAT

1 次の(1), (2)について，yをxの式で表しましょう．また，$x=-3$ のときのyの値を求めましょう．

(1) yはx^2に比例し，$x=4$のとき，$y=32$

(2) グラフが原点を頂点とする放物線で，点$(-1,\ -5)$を通る．

2 右図は，$y=ax^2$のグラフです．
yをxの式で表しましょう．

(1)

(2)

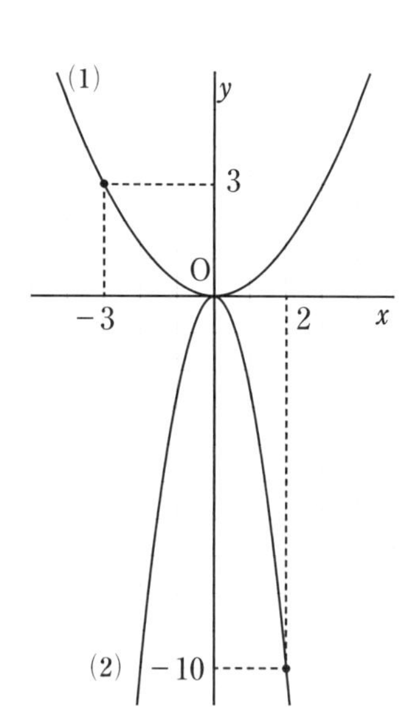

学習日

自己評価

3　xとyの関係式 $y=ax^2$（aは0でない定数）で表される関数について，次の問いに答えましょう．

(1)　$x=3$，$y=-18$ のとき，aの値を求め，yをxで表しましょう．

(2)　(1)で求めた式において，xの値が1から4へと4倍になるとき，yの値は何倍になるか答えましょう．

(3)　(1)で求めた式において，xの値がk倍になるとき，yの値は何倍になるか答えましょう．

STEP 17

第4章　関数 $y=ax^2$

関数 $y=ax^2$ の値の変化

$y=ax^2$ の増減について

㋐ $a>0$ のとき　① $x<0$ では，y の値は減少

② $x=0$ のとき，$y=0$ で最小

③ $x>0$ では，y の値は増加

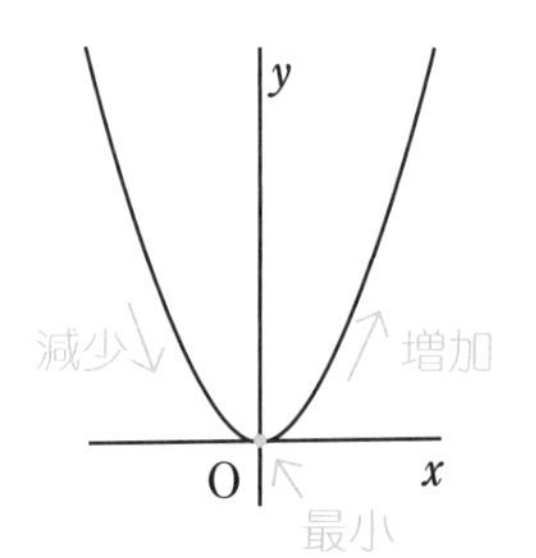

㋑ $a<0$ のとき　① $x<0$ では，y の値は増加

② $x=0$ のとき，$y=0$ で最大

③ $x>0$ では，y の値は減少

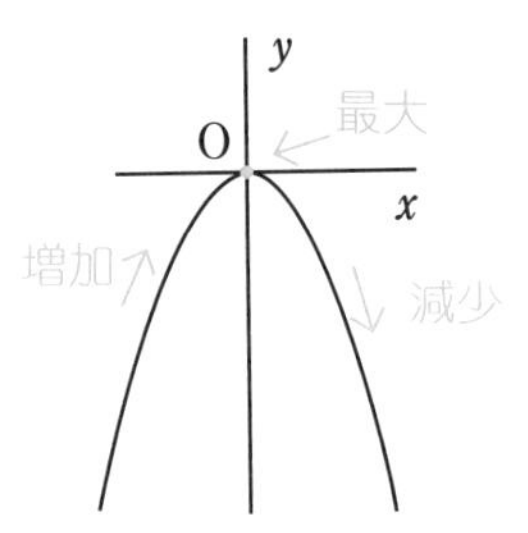

変域を考える

→グラフをかいて考える

$y=ax^2$ の変化の割合は

$$(\text{変化の割合})=\frac{(y\text{の増加量})}{(x\text{の増加量})}$$

原点（頂点）から，はなれるほど

変化の割合の絶対値が大きくなります．

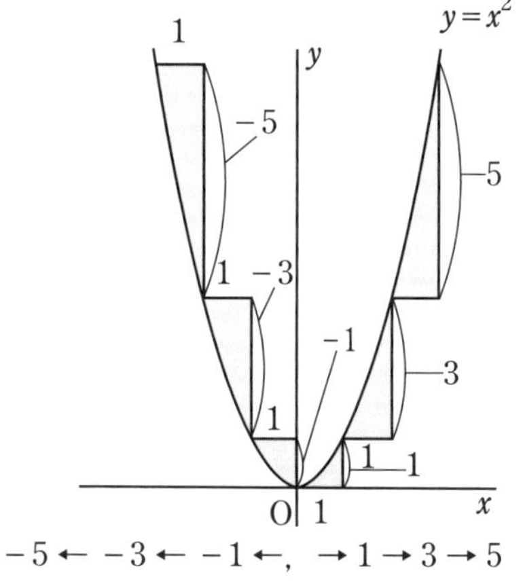

(1)　最小値 $x=1$ のとき $y=1$

最大値 $x=3$ のとき $y=9$

y の変域 $1 \leqq y \leqq 9$

(2)　最小値 $x=0$ のとき $y=0$

最大値 $x=-3$ のとき $y=9$

y の変域 $0 \leqq y \leqq 9$

基本問題

関数 $y=x^2$ について，xの変域が(1),(2)のようなとき，yの変域をそれぞれ求めましょう．

(1)　$1 \leqq x \leqq 3$　　　　(2)　$-3 \leqq x \leqq 1$

解答　(1)　グラフを見て，xの変域に対するyの最小値と最大値を求めるとよいので

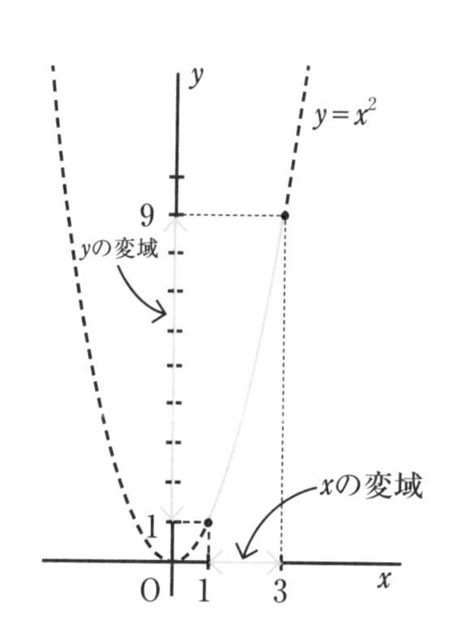

最小値は　$x=$ ［　　］　のとき $y=$ ［　　］

最大値は　$x=$ ［　　］　のとき $y=$ ［　　］

これより y の変域は

(2)　yの最小値と最大値を求めると

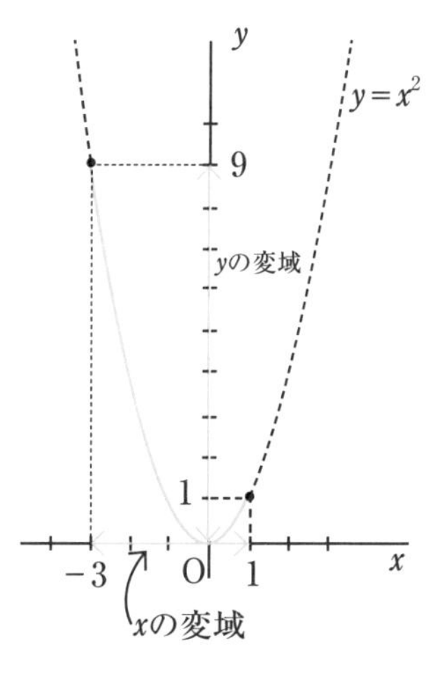

最小値は　$x=$ ［　　］　のとき $y=$ ［　　］

最大値は　$x=$ ［　　］　のとき $y=$ ［　　］

これより y の変域は

［　　$\leqq y \leqq$　　］

2次関数の変域

(2)では，xの変域の両端のyの値が，yの最大値，最小値ではありません．この確認が重要です．グラフをかいて調べよう．

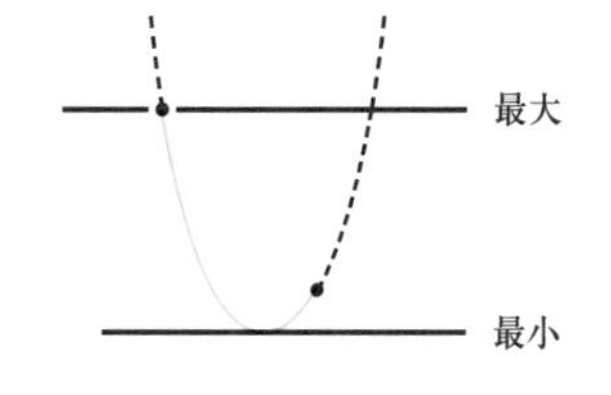

STEP 17

REPEAT

1 関数 $y=\dfrac{1}{3}x^2$ のグラフをかいて，x の変域が (1)，(2) のようなとき，y の変域をそれぞれ求めましょう．

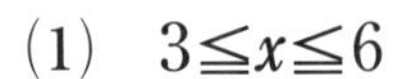

(1)　$3 \leqq x \leqq 6$

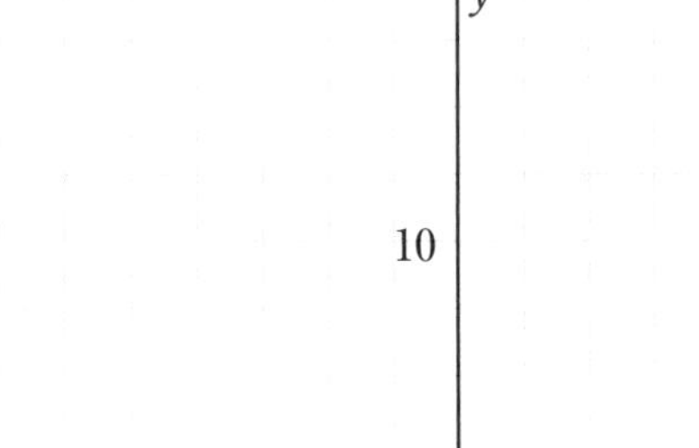

(2)　$-3 \leqq x \leqq 3$

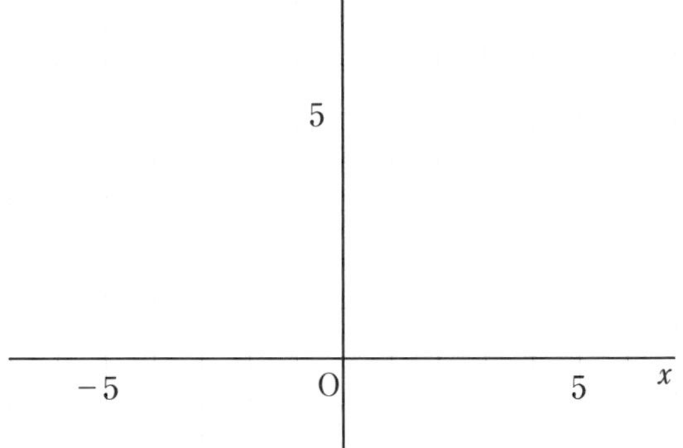

2 関数 $y=-2x^2$ について，x の値が 2 から 5 まで増加するとき，変化の割合を求めましょう．

2のyの増加量

上の問題で $-8-(-50)=42$ としてしまう人がいます．増加量ということばから，このようにしてしまうのでしょうが，これはいけません．必ずスタートとゴールを意識してください．x の値が 2 から 5 ですから，$x=2$ がスタート $x=5$ がゴールですから，y の値も同じです．

学習日

自己評価　再度チャレンジ　ナットク　完全合格

3　関数$y=-\frac{1}{4}x^2$について，xの変域が$-4 \leqq x \leqq 2$のとき，yの変域を求めましょう．

4　関数$y=2x^2$（$-1 \leqq x \leqq 3$）について，yの最大値・最小値およびそのときのxの値を求めましょう．

5　関数$y=-\frac{1}{3}x^2$について，xの値が，-3から0まで増加したときの変化の割合を求めましょう．

STEP 18

第４章　関数 $y=ax^2$

いろいろな事象と関数

1．関数 $y=ax^2$ の利用

(ア) 時速 x km の自動車がブレーキをかけはじめてから，停止するまでの距離 y m（制動距離）には $y=ax^2$（a は 0 でない定数）の関係があります.

(イ) ふりこが 1 往復するのにかかる時間（周期）が x 秒のふりこの長さを y m とすると，ふりこの重さやふれ幅に関係なく，およそ $y=\frac{1}{4}x^2$ という関係があります.

(ウ) ボールを自然に落下させるとき，x 秒後まで落下する距離を y m とすると，およそ $y=5x^2$ という関係があります.

2．いろいろな関数

電車の運賃や荷物を送るときの料金などは，距離や箱の大きさを x とし，料金を y 円とすると，y がとびとびの値をとる関数になります.

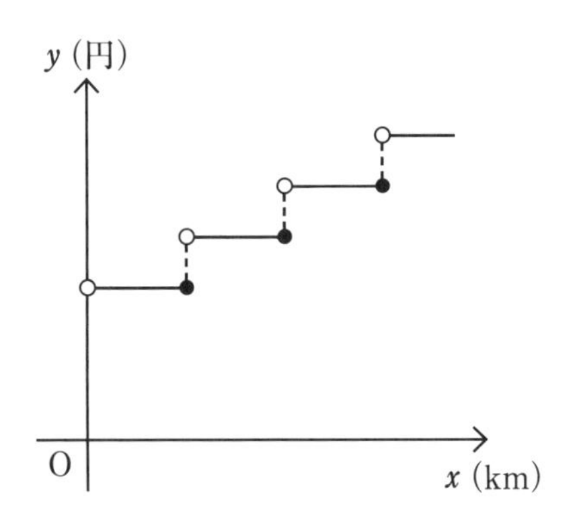

(1) $x=30$ のとき $y=6$ なので

$y=ax^2$ に代入して　$6=a\times30^2$

これより　$a=\frac{1}{150}$　　よって　$y=\frac{1}{150}x^2$

(2) $y=\frac{1}{150}\times90^2=54$　　54 m

基本問題

時速 x km で走る自動車の制動距離を y m とすると，y は x^2 に比例することがわかっています．

今，時速 30 km で走る自動車の制動距離が 6 m でした．このとき，次の(1)，(2)の問いに答えましょう．

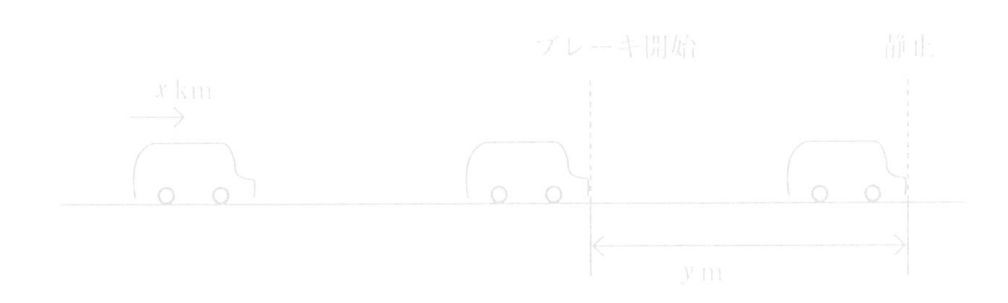

(1) y を x の式で表しましょう．

解答　問題文から　$x=$ ☐ のとき　$y=$ ☐ なので

$y=ax^2$ に代入して　☐ $=a\times$ ☐

これより　$a=$ ☐

よって　$y=$ ☐

(2) この自動車が，時速 90 km で走るときの制動距離を求めましょう．

解答　(1)の結果を用いて，$x=90$ のときの y の値は

$y=$ ☐ $=$ ☐

よって，制動距離は ☐ m

STEP 18 REPEAT

1 ボールを自然に落下させるとき，落下しはじめてからx秒後までにボールが落下する距離をy m とすると，yはx^2に比例することがわかっています．このとき，次の問いに答えましょう．

(1) 300 m の高さから，ボールを落としたとき，3 秒後に 45 m落下しました．yをxの式で表しましょう．

(2) 落下しはじめて，2 秒後から 4 秒後までの間の平均の速さを求めましょう．

2 市内に荷物を送ります．A社では荷物の縦の長さ，横の長さ，高さの合計を荷物の大きさとして，その大きさx cm に応じて，料金を右の表のようにy円としています．このとき，次の問いに答えましょう．

大きさ(x cm)	料金(y円)
60 cm 以下	900円
80 cm 以下	1100円
100 cm 以下	1400円
120 cm 以下	1600円
140 cm 以下	1800円

(1) yはxの関数といえますか．

(2) xとyの関係を表すグラフをかきましょう．

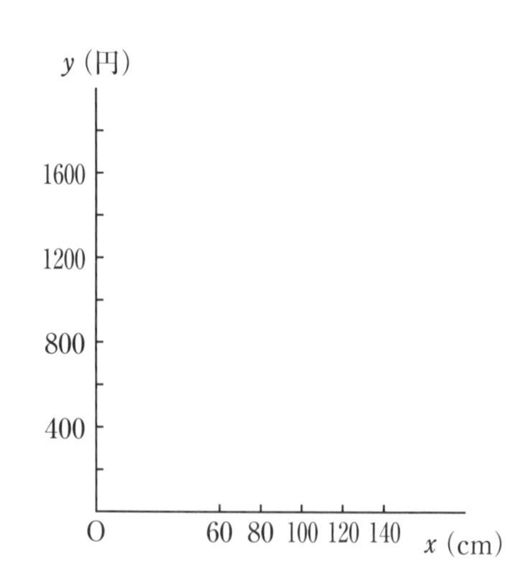

(3) 荷物の大きさが 105 cm のときの料金はいくらになるでしょう．

自己評価

3 右の図のように，関数 $y=ax^2$ $(a>0)$ のグラフ上に2点A，Bがあります．線分ABはx軸に平行で，点Aのx座標は -2 です．このとき，△AOBの面積が8となりました．このとき，次の問いに答えましょう．

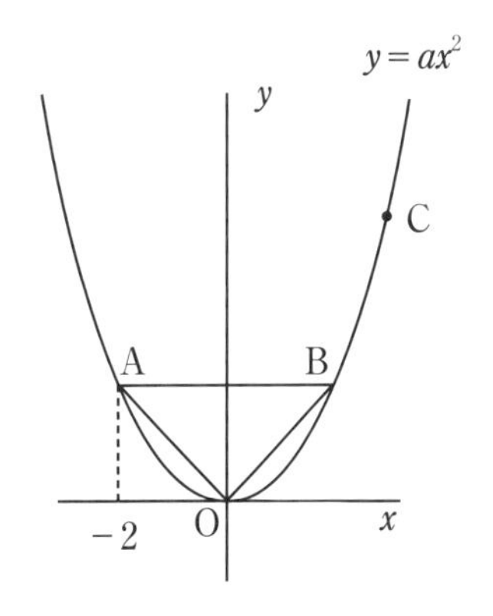

(1) 点Bの座標を求めましょう．

(2) 関数 $y=ax^2$ の a の値を求めましょう．

(3) 関数 $y=ax^2$ のグラフ上で，$x>0$ の部分に点Cを，△ABCの面積が△AOBの面積8と同じになるようにとります．点Cの座標を求めましょう．

ヒント 辺ABを底辺と考えると，△ABC＝△AOBなので，高さが同じになります．

第4章　期末対策

1　次の ①～⑥ の関数のうち，y が x^2 に比例するものをすべて答えましょう．

① $y=-2x^2$　② $y=x+3$　③ $y=x^2$

④ $y=\frac{4}{x}$　⑤ $y=-\frac{1}{3}x^2$　⑥ $y=\frac{1}{2}x$

2　y は x^2 に比例し，$x=2$ のとき，$y=6$ です．このとき，次の問いに答えましょう．

(1)　y を x の式で表しましょう．

(2)　$x=5$ のとき，y の値を求めましょう．

学習日

自己評価　再度チャレンジ　ナットク　完全合格

3　2次関数 $y=\frac{1}{2}x^2$ について，次の問いに答えましょう．

(1)　2次関数 $y=\frac{1}{2}x^2$ のグラフをかきましょう．

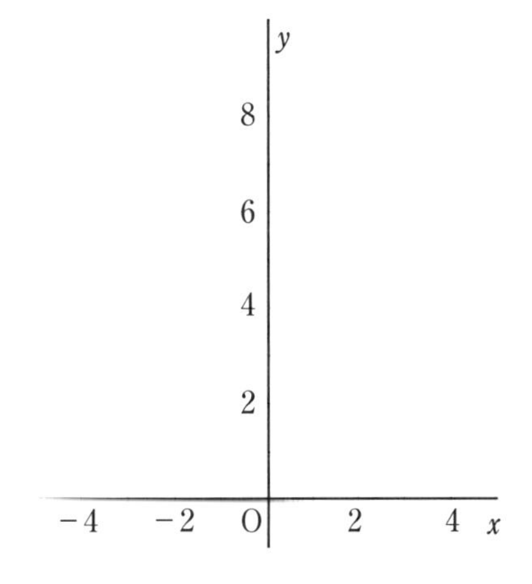

(2)　変数 x の値が -4 から 2 まで変わるとき，y の最大値を求めましょう．

(3)　変数 x の値が，a から 6 まで変わるとき，関数の変化の割合が，1次関数 $y=4x-3$ の変数 x の値が a から 6 まで変わるときの変化の割合に等しくなるように，a の値を求めましょう．ただし，a は 6 より小さい数とします．

ヒント　1次関数の変化の割合は…

4　直線 $y=x-6$ のグラフが y 軸と交わる点をA，x 軸と交わる点をBとし，関数 $y=-x^2$ のグラフが線分ABと交わる点をCとします．このとき，次の問いに答えましょう．

(1)　交点Cの座標を求めましょう．

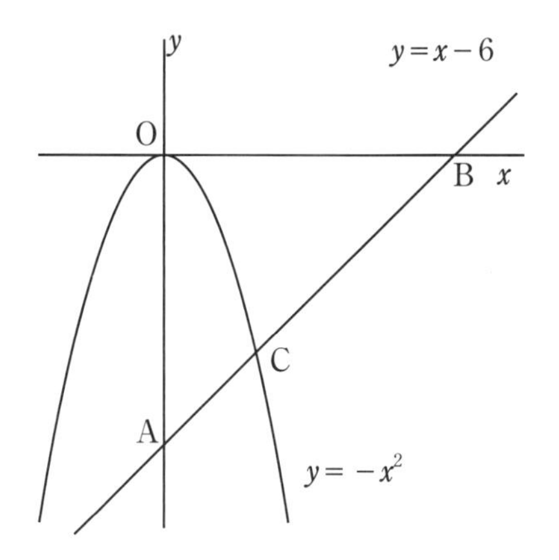

ヒント　$y=x-6$ と $y=-x^2$ の連立方程式を解きます．

(2)　△OACと△BOCの面積の比 △OAC：△BOC を最も簡単な整数の比で求めましょう．

学習日

自己評価    

5 右の図のような，$\angle C = 90°$，$AC = 10$ cm，$BC = 20$ cm の直角三角形 ABC で，点 Q は，辺 AC 上を A から C まで動き，点 P は辺 AB 上を BC∥PQ となるように動きます．

$AQ = x$ cm のときの △APQ の面積を y cm^2 とするとき，次の問いに答えましょう．

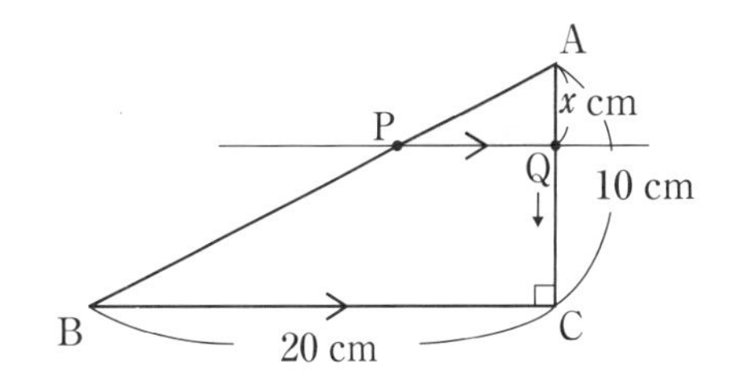

(1) y を x の式で表しましょう．

(2) $x = 6$ のときの y の値を求めましょう．

(3) x と y の変域をそれぞれ求めましょう．

STEP 19

第５章　相似な図形

相似な図形

２つの図形があり，一方の図形を 拡大 または 縮小 して，他方の図形と 合同 になるとき，この２つの図形は，相似 であるといいます．

（簡単にいうと，形は同じ で，大きさが違う２つの図形）

２つの図形が相似であるとき，

① 対応する線分の長さの比はすべて等しい

AB：A′B′＝BC：B′C′＝CA：C′A′

この比を 相似比 といいます．

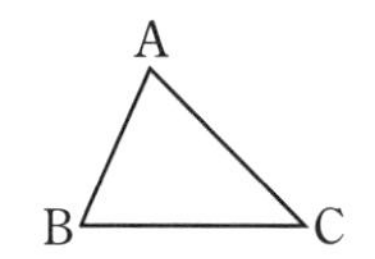

② 対応する角の大きさは，それぞれ等しい

∠A＝∠A′，∠B＝∠B′，∠C＝∠C′

が成り立ちます．

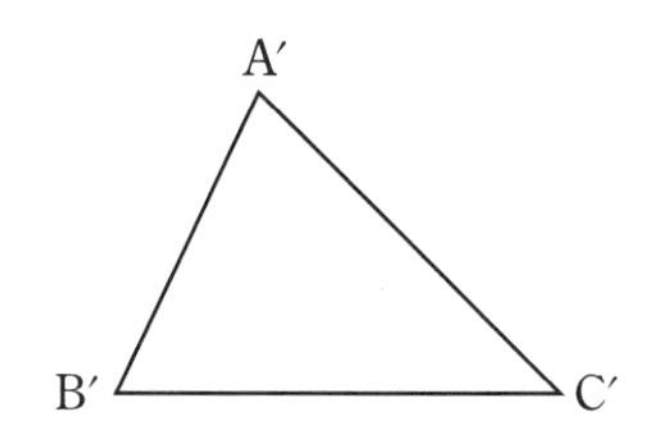

△ABC と △A′B′C′ が相似であることを，

△ABC∽△A′B′C′　とかきます．

対応する点の順になるようにかこう！

1　AB：GI＝2：3，AC：GH＝2：3，BC：IH＝2：3

だから △ABC∽△GIH　　相似比 2：3

∠DEF＝∠KLJ＝90°，∠EFD＝∠LJK＝30°，∠FDE＝∠JKL＝60°

だから △DEF∽△KLJ　　相似比 7：8

2　6：x＝2：3 より x＝9

基本問題

1 次の三角形のうち，相似な三角形を見つけて，記号∽を用いて表しましょう．また，そのときの相似比を求めましょう．

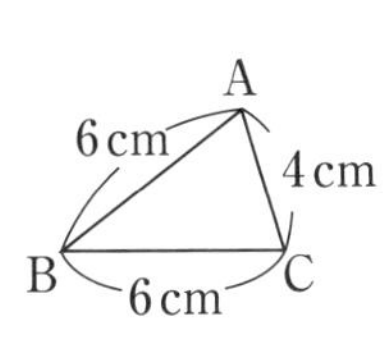

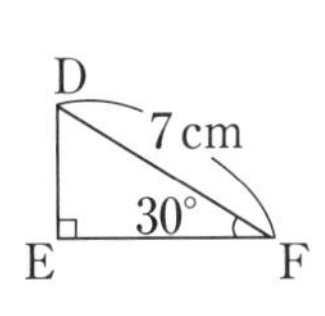

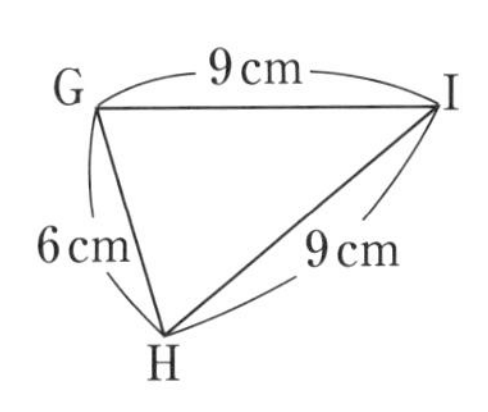

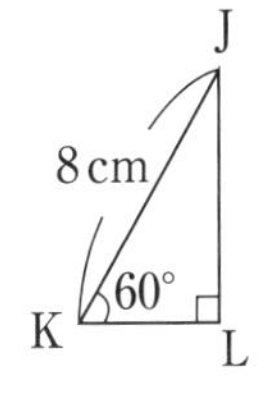

解答 AB：GI＝[　　：　　]，AC：GH＝[　　：　　]，

BC：IH＝[　　：　　] だから [△　　　∽△　　　]

相似比 [　　：　　]

∠DEF＝∠KLJ＝[　　]°，∠EFD＝∠LJK＝[　　]°

∠FDE＝∠JKL＝[　　]° だから [△　　　∽△　　　]

相似比 [　　：　　]

2 △ABC∽△DEF のとき
x の値を求めましょう．

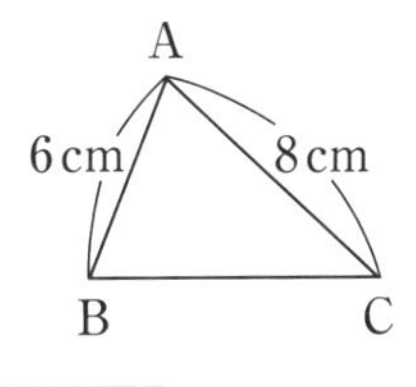

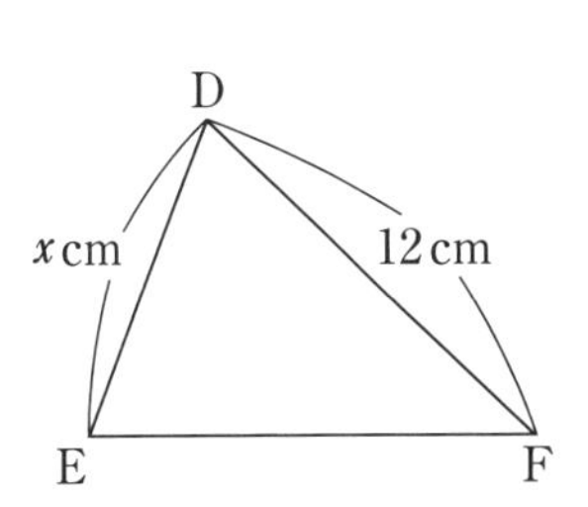

解答 相似比は 8：12＝2：3

6：x＝[　　：　　] より x＝[　　]

相似比を用いた計算について

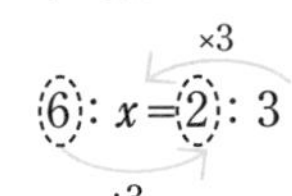

上のようにして $x=9$ とする人がいますが，　　（内項の積）＝（外項の積）

$a:b=c:d$

$a\times d=b\times c$ と考えた方が間違いを減らせます．

パワーアップ

STEP 19 REPEAT

1 次の三角形のうち，相似な三角形を見つけ，記号∽を用いて表しましょう．また，そのときの相似比を求めましょう．

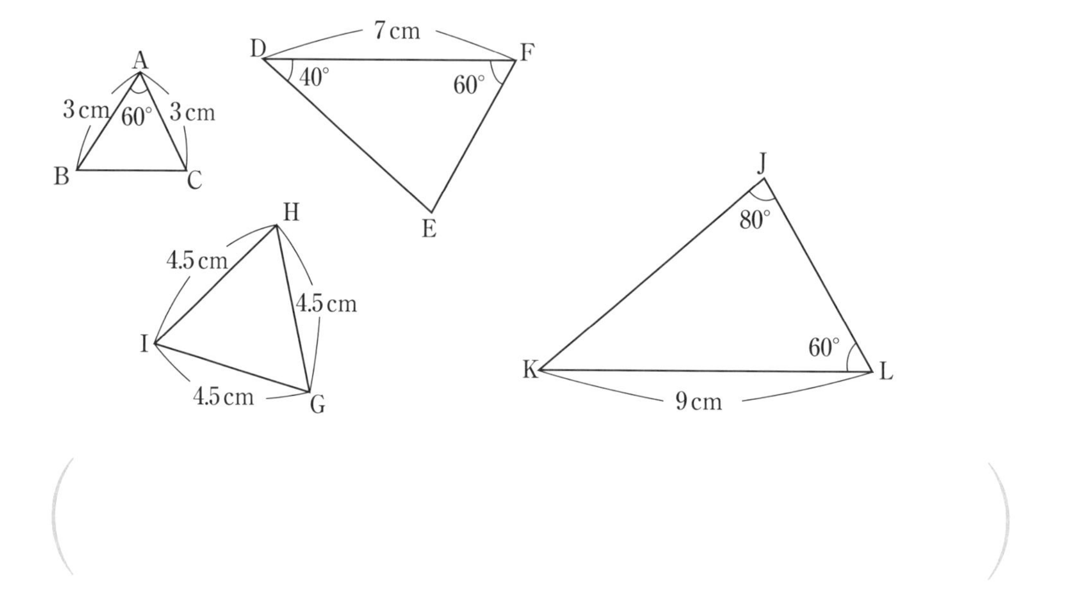

2 五角形 ABCDE と五角形 FGHIJ が相似であるとき，次の問いに答えましょう．

(1) ∠E の大きさを求めましょう．

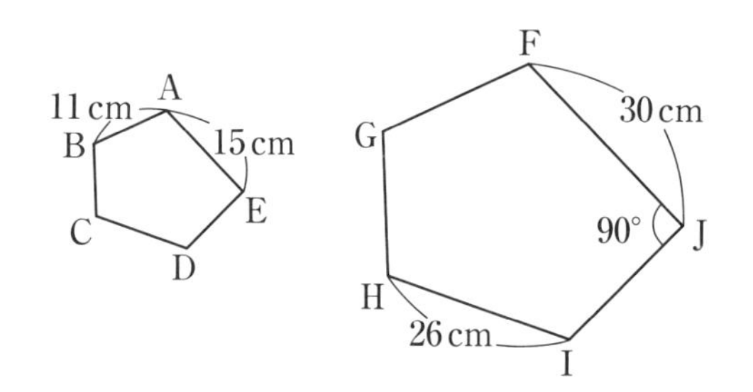

(2) 辺 CD，辺 FG の長さを求めましょう．

学習日

自己評価

3 六角形 ABCDEF と六角形 GHIJKL が相似であるとき，次の問いに答えましょう．

(1) ∠D，∠H の大きさを求めましょう．

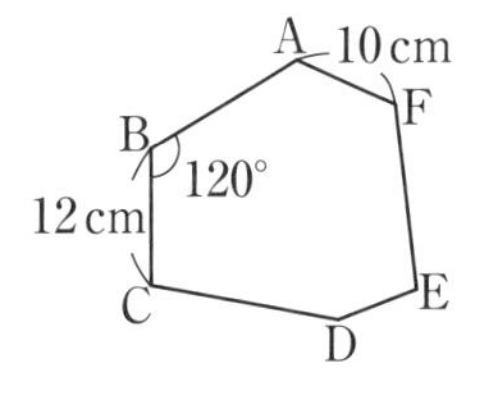

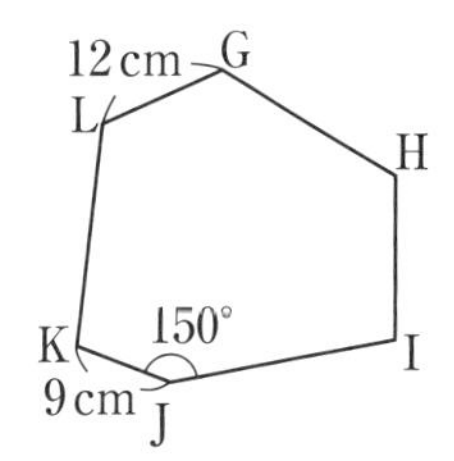

(2) 六角形 ABCDEF と六角形 GHIJKL の相似比を求めましょう．

(3) 辺 DE，辺 HI の長さを求めましょう．

STEP 20

第５章　相似な図形

三角形の相似条件と証明

三角形の合同条件のように，相似条件も３つあります．どれか１つが成り立てば，相似になります．

①　３組の辺の比がすべて等しい

$a:a'=b:b'=c:c'$

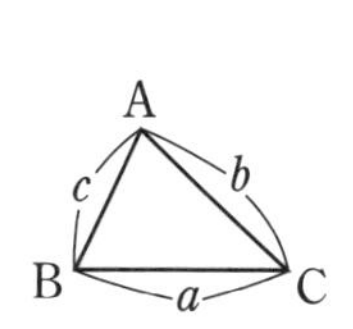

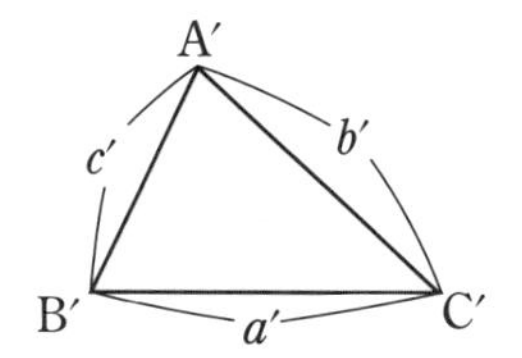

相似な図形の性質をみたすことになるね

②　２組の辺の比とその間の角がそれぞれ等しい

$a:a'=c:c'$，$\angle B=\angle B'$

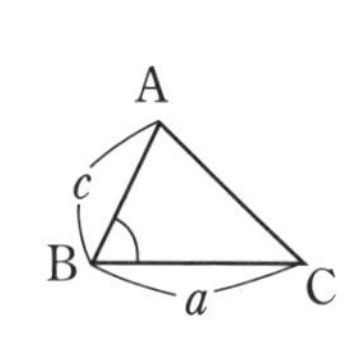

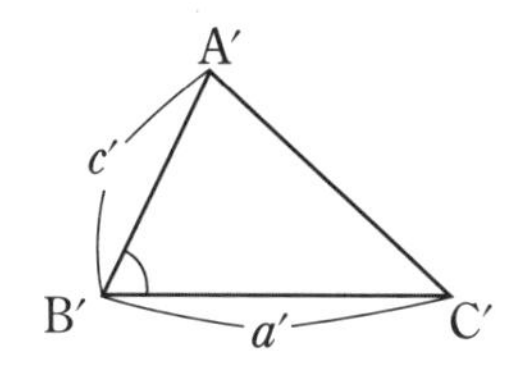

③　２組の角がそれぞれ等しい

$\angle B=\angle B'$，$\angle C=\angle C'$

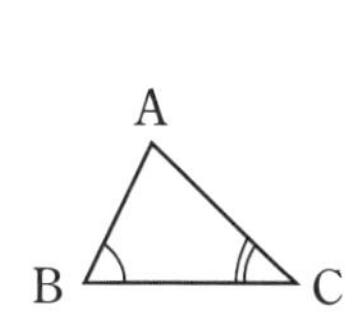

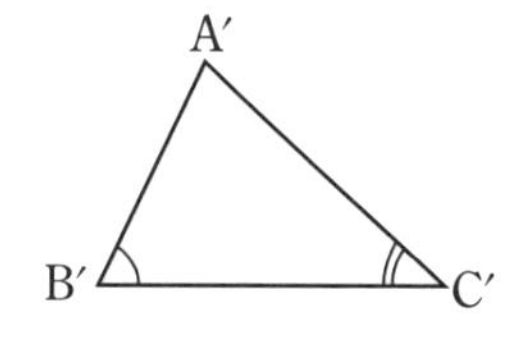

残りの１組の角も等しくなるね

㋐と㋕　３組の辺の比がすべて等しい

㋑と㋖　２組の辺の比とその間の角がそれぞれ等しい

㋒と㋓と㋔　２組の角がそれぞれ等しい

基本問題

下の図の三角形 ㋐〜㋖を，相似な三角形の組に分けましょう．また，そのときに使った相似条件をいいましょう．

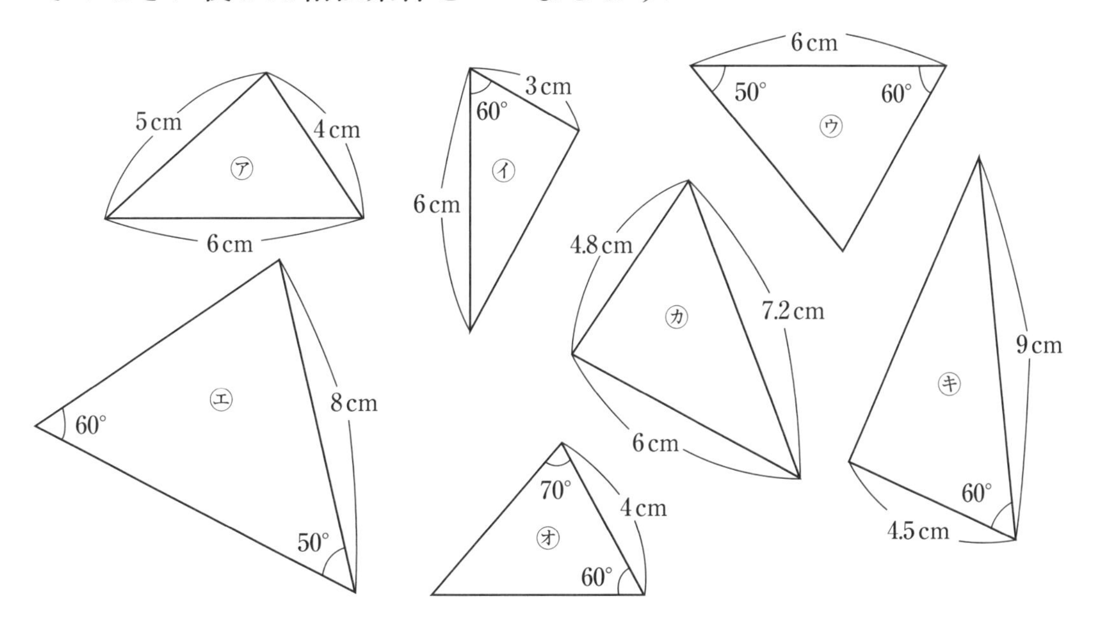

相似な三角形	相似条件
㋐と	
㋑と	
㋒と　　と	

残りの角に注意しよう！

三角形は 2 組の角が等しければ，残りの 1 組の角も等しくなります．ですから，相似条件③は 2 組の角がそれぞれ等しいということになります．右の場合，注意して計算すると 2 つの三角形は相似になります．

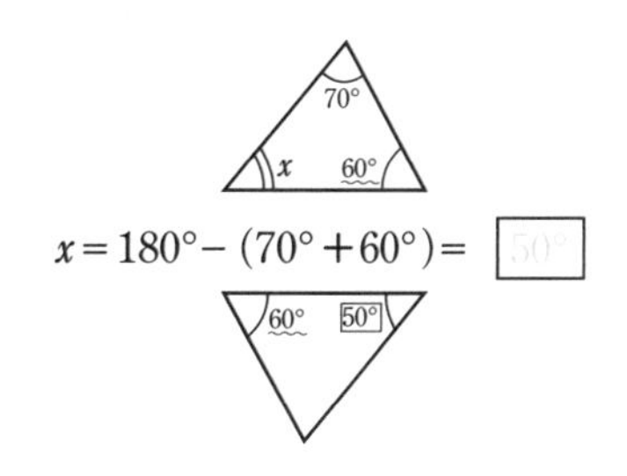

STEP 20 REPEAT

1 2つの線分 AB, CD が点 O で交わっていて, $\dfrac{AO}{OB}=\dfrac{CO}{OD}=\dfrac{2}{3}$ のとき, 次の問いに答えましょう.

(1) △OAC∽△OBD であることを証明しましょう.

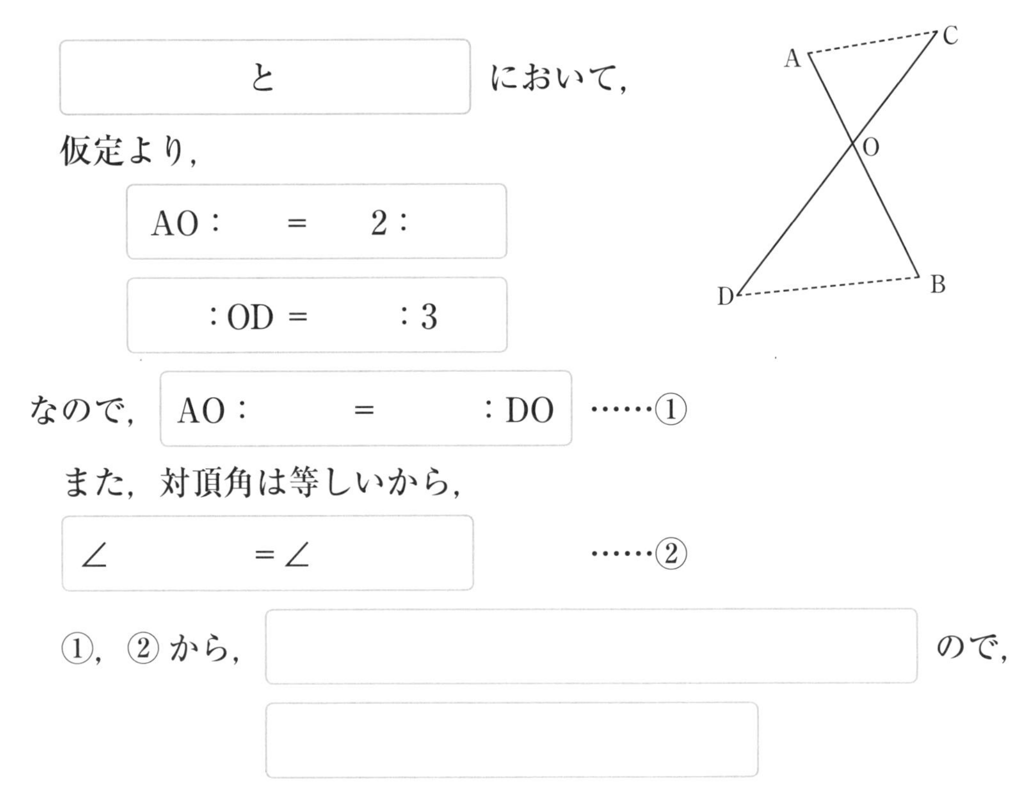

(2) AC = 12 cm のとき, BD の長さを求めましょう.

2　AB＝3 cm，AD＝4 cm の平行四辺形ABCDの頂点Dを通る直線が，辺BCとF，辺ABの延長とEで交わるとき，次の問いに答えましょう．

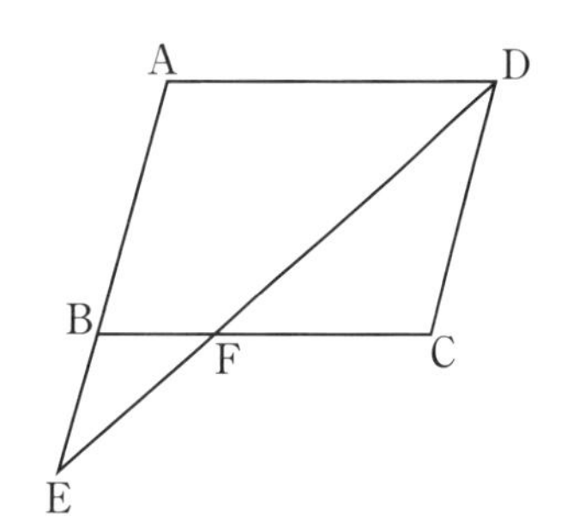

(1)　△AED∽△CDF であることを証明しましょう．

(2)　AE×CF の値を求めましょう．

STEP 21

第５章　相似な図形

平行線と比

$\triangle$ABC において，辺 AB，AC 上または，それらの延長線上にそれぞれ点 P，Q があるとき

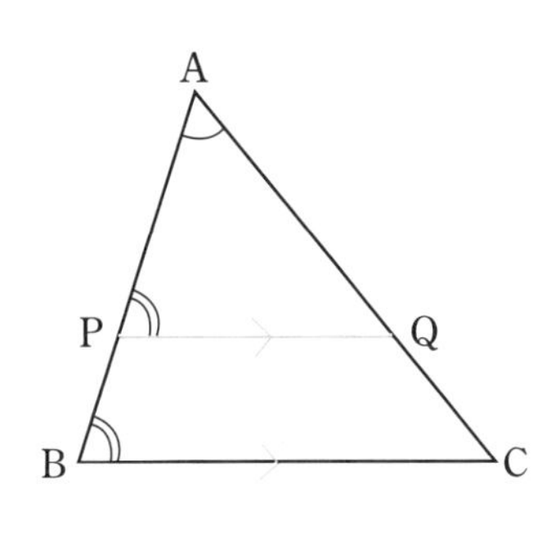

PQ∥BC ならば

① $AP : AB = AQ : AC$

$= PQ : BC$

② $AP : PB = AQ : QC$

が成り立ちます（$\triangle APQ \backsim \triangle ABC$ から）.

２つの直線が，３つの平行な直線と右図のように交わっているとき

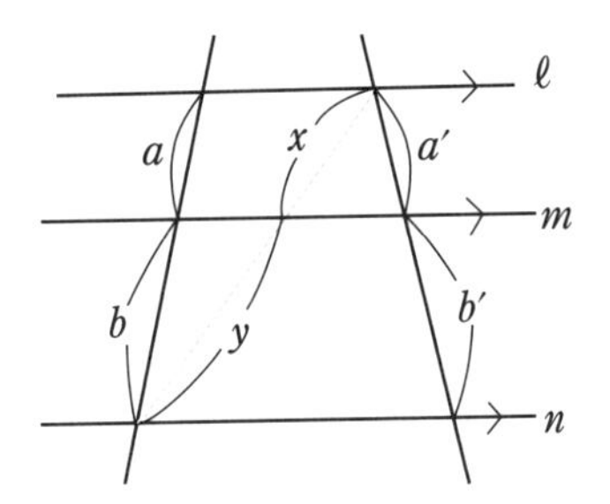

① $a : b = a' : b'$

② $a : a' = b : b'$

が成り立ちます.

② は ① の形をかえただけです.

$a : b = a' : b' \Rightarrow ab' = ba'$　順番入れかえ

$ab' = a'b \Rightarrow a : a' = b : b'$

ℓ∥m だから $a : b = x : y$
m∥n だから $x : y = a' : b'$
これより　$a : b = a' : b'$

1　$x : 10 = 4 : 8$,　$8x = 40$,　$x = 5$

　$4 : 8 = 3 : y$,　$4y = 24$,　$y = 6$

2　$x : 12 = 6 : 9$,　$9x = 72$,　$x = 8$

基本問題

1 次の図で，PQ∥BC のとき，x，yの値を求めましょう．

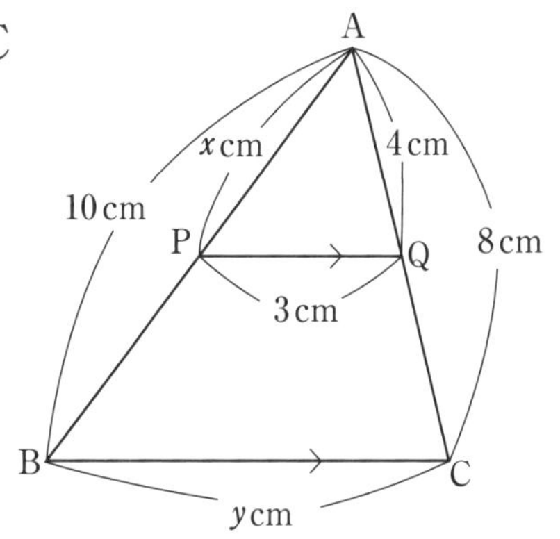

解答 PQ∥BC より　AP：AB＝AQ：AC

よって　x：　　＝　　：

$8x=$　　　より　$x=$

また，AQ：AC＝PQ：BC

よって　　：　　＝　　：y

$4y=$　　　より　$y=$

2 次の図で，ℓ∥m，ℓ∥n のとき，xの値を求めましょう．

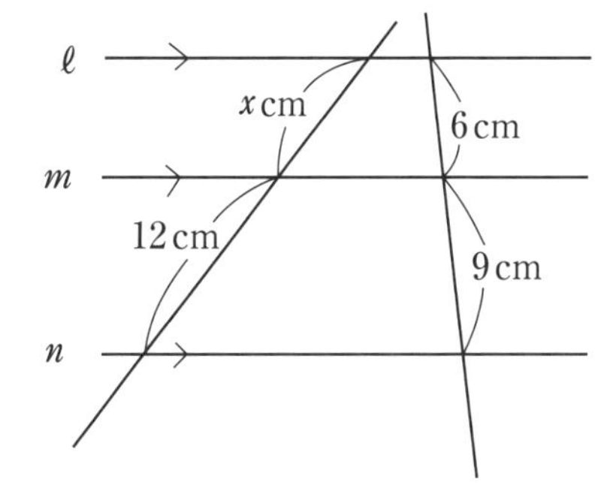

解答 ℓ∥m，ℓ∥n だから　ℓ∥m∥n

x：　　　＝6：

$9x=$　　　より　$x=$

おもしろい平行線の比

一見，2直線が交差して難しそうですが，右のように平行移動すれば簡単です．

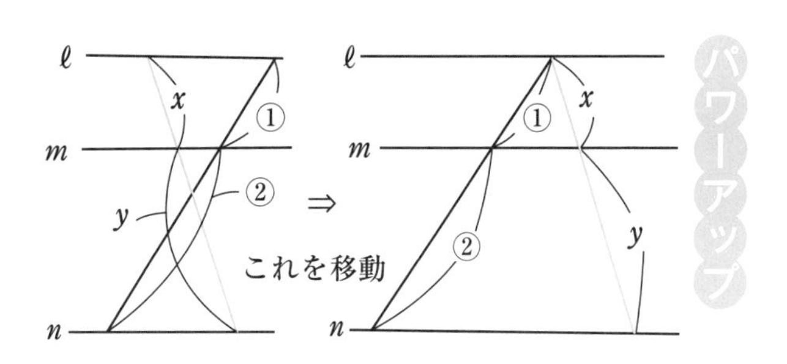

STEP 21

REPEAT

1 次の図で，PQ∥BC のとき，x，yの値を求めましょう．

⬅ △ABC と相似なのはどの三角形かな

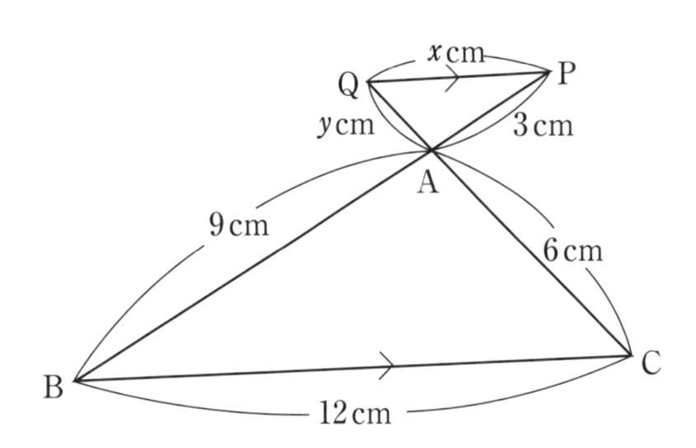

2 次の図で，ℓ∥m，ℓ∥n のとき，xの値を求めましょう．

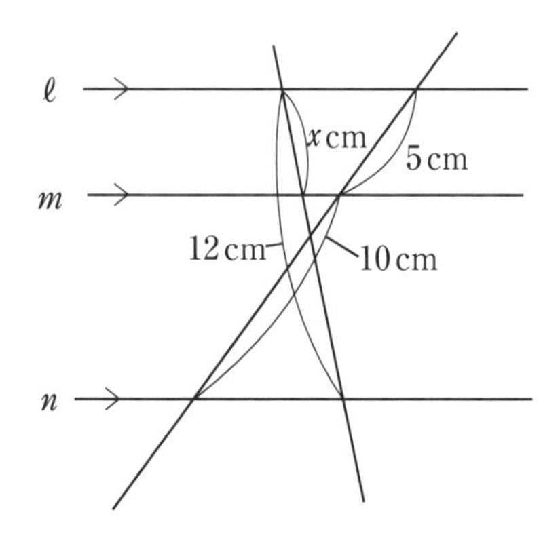

自己評価

3 次の図で，PQ∥BC のとき，x，yの値を求めましょう．

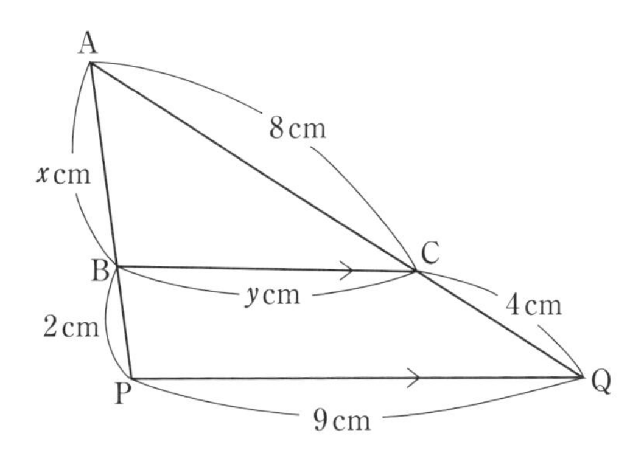

4 次の図で，ℓ∥m∥n のとき，xの値を求めましょう．

(1)

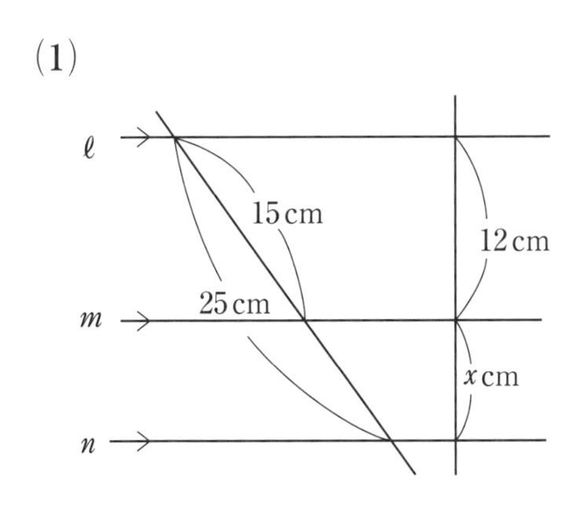

(2)

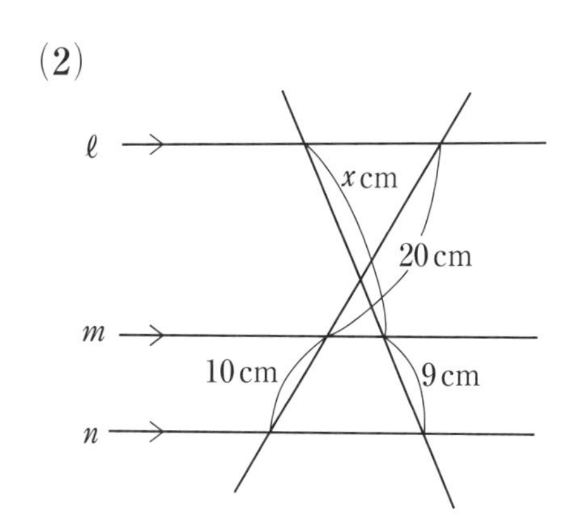

STEP 22

第5章　相似な図形

中点連結定理

相似を利用して，次の中点連結定理を導くことができます．

中点連結定理

△ABC において，辺 AB，AC の中点をそれぞれ P，Q とすると

$$PQ /\!/ BC,\quad PQ=\frac{1}{2}BC$$

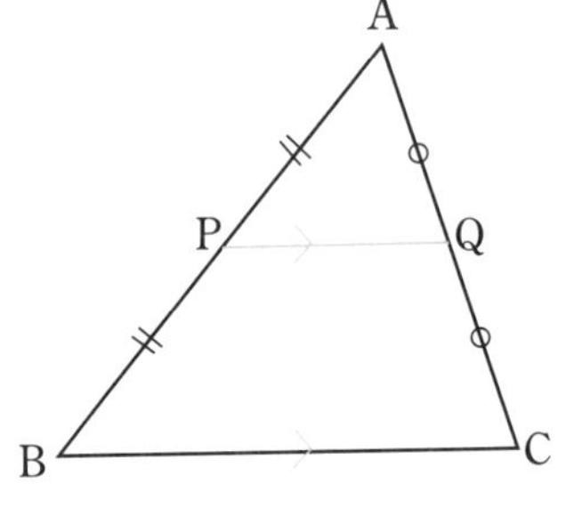

△APQ∽△ABC がいえますね．　← AP：AB＝AQ：AC＝1：2，∠PAQ＝∠BAC

これより　∠APQ＝∠ABC

同位角が等しく　PQ∥BC

また，相似比が 1：2 より　$PQ=\frac{1}{2}BC$

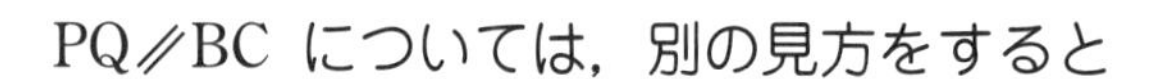

PQ∥BC については，別の見方をすると

AP：AB＝AQ：AC のとき　PQ∥BC

と見ることができます．

これは，点 P，Q が中点でないときでも成り立ちます．

右の図のように △ABC の辺 AB, AC 上にそれぞれ S, T を AS：SB＝AT：TC＝m：n になるようにとると，

ST∥BC

が成り立ちます．

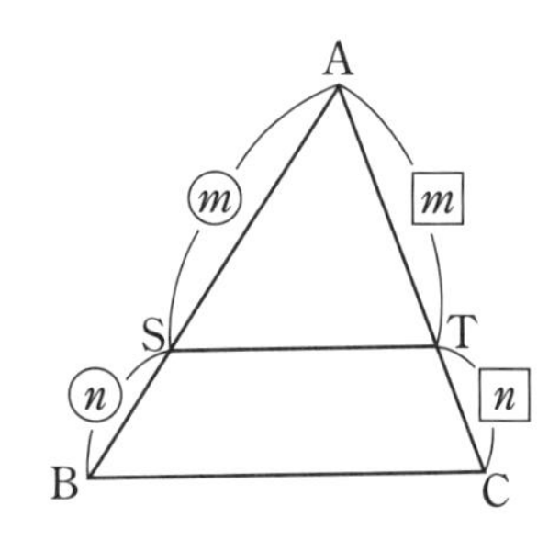

(1)　$PR=\frac{1}{2}BC=\frac{1}{2}\times 10=5$ (cm)

(2)　$QR=\frac{1}{2}AB=\frac{1}{2}\times 8=4$ (cm)

$PQ=\frac{1}{2}AC=\frac{1}{2}\times 6=3$ (cm)

$PR+QR+PQ=5+4+3=12$ (cm)

基本問題

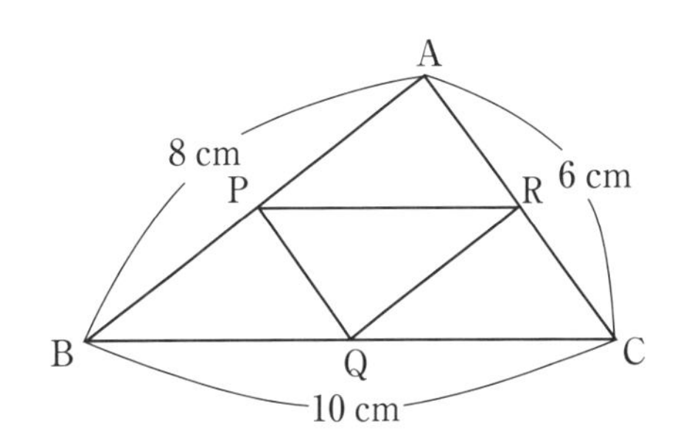

右図のような三角形 ABC において，辺 AB，BC，CA の中点をそれぞれ P，Q，R とします．

(1) 線分 PR の長さを求めましょう．

解答　辺 AB の中点が P，辺 AC の中点が R だから
中点連結定理より

PR = [――BC] = [$\frac{1}{2}$×] = [　] (cm)

(2) △PQR の周の長さを求めましょう．

解答　(1)と同じように考えて，中点連結定理より

QR = [$\frac{1}{2}$] = [$\frac{1}{2}$×] = [　] (cm)

PQ = [$\frac{1}{2}$] = [$\frac{1}{2}$×] = [　] (cm)

これより△PQR の周の長さは

PR + QR + PQ = [　 + 　 + 　]

= [　] (cm)

こんな場合はどうする？

PR∥BC，RQ∥AD で，AD∥BC から，

P，R，Q は一直線上で AD∥PQ∥BC

中点連結定理より

$PQ = PR + RQ = \frac{1}{2}BC + \frac{1}{2}AD = \frac{1}{2}(AD + BC)$

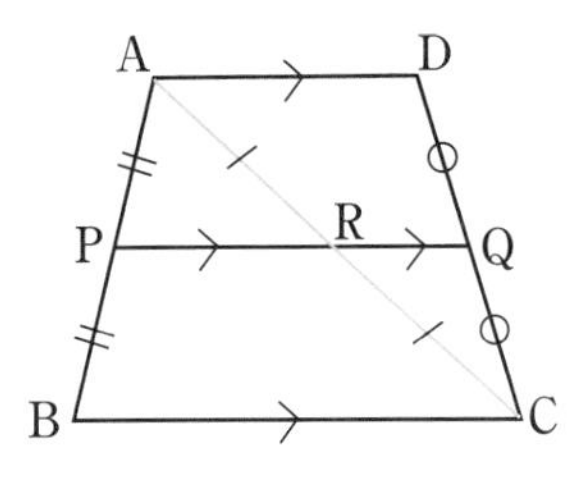

STEP 22 REPEAT

1 右図のような△ABC において，辺 AB，BC，CA の中点をそれぞれ P，Q，R とするとき，次の問いに答えましょう．

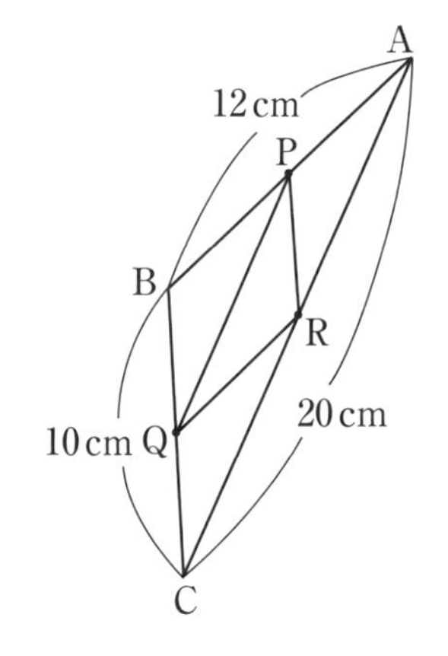

(1) 線分 PQ の長さを求めましょう．

(2) ∠CRQ と等しい角をすべて答えましょう．

2 右図の線分 DE，EF，FD のうち，△ABC の辺に平行なものはどれか答えましょう．

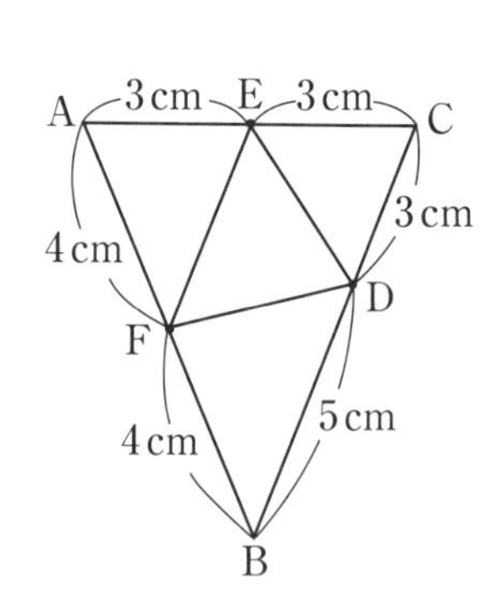

学習日

自己評価

3 四角形ABCDにおいて，辺AB，BC，CD，DAの中点をそれぞれP，Q，R，Sとするとき，四角形PQRSは平行四辺形であることを証明しましょう．

ヒント 対角線BDを引いて，2つの三角形に分けます．

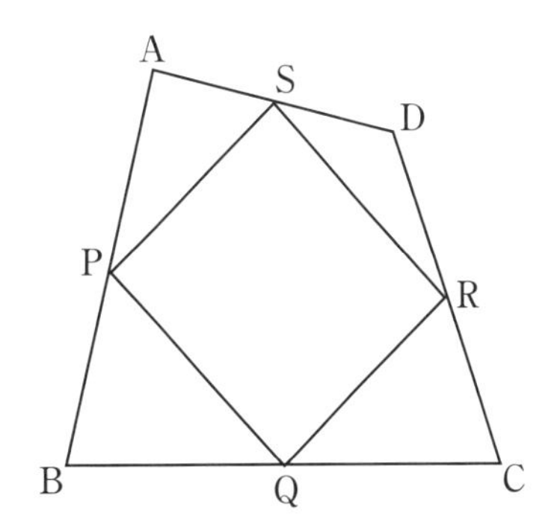

STEP 23 第5章　相似な図形

相似な図形の面積比・体積比

① 相似な2つの図形で，相似比が $m:n$ ならば

面積比は　$m^2:n^2$

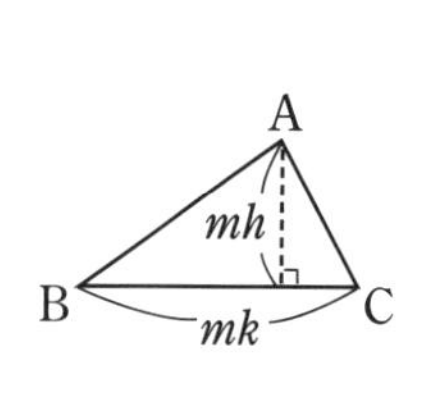

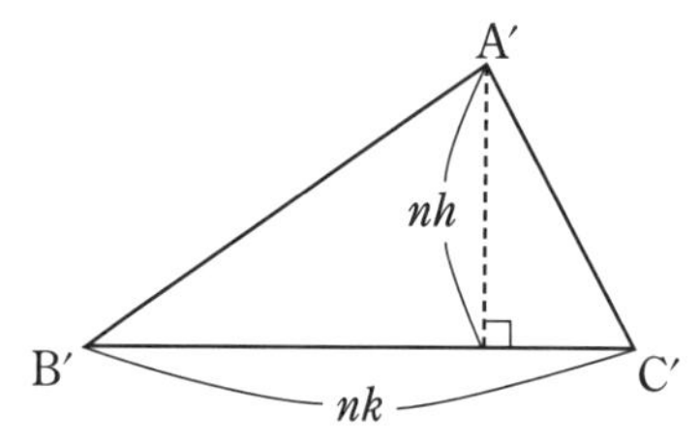

（cm は省略）

$\triangle ABC \backsim \triangle A'B'C'$ で相似比が $m:n$ とします．

このとき三角形の面積の比は

$$\frac{1}{2}mk \times mh : \frac{1}{2}nk \times nh = m^2 : n^2$$

② 相似な2つの立体で，相似比が $m:n$ ならば

体積比は　$m^3:n^3$

表面積比は　$m^2:n^2$

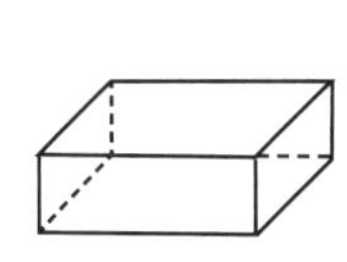

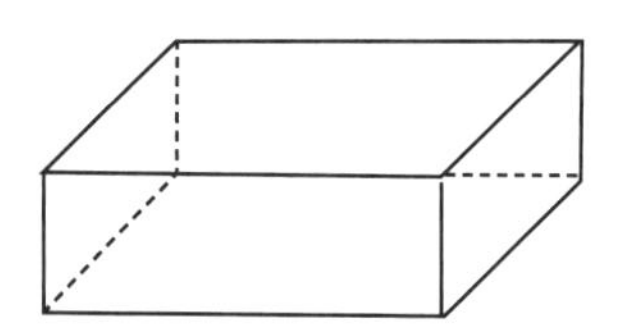

1 (1) $S:S'=1^2:2^2=1:4$

(2) $25:S'=1:4$

よって　$S'=100$ (cm²)

2 $3^3:4^3=27:64$

基本問題

1　AB：A′B′＝1：2 の相似な△ABC と△A′B′C′ があり，それぞれの面積を S cm²，S' cm² とします．このとき

(1)　$S : S'$ を求めましょう．

解答　△ABC ∽ △A′B′C′ で相似比は 1：2 だから，

面積比は　$S : S' =$ [　　^{2} :　　^{2}] = [　　:　　]

(2)　$S = 25$ (cm²) であるとき，S' を求めましょう．

解答　(1) の結果より，$S = 25$ のとき

[$25 : S' =$　　　:　　]

よって　$S' =$ [　　　] (cm²)

2　相似な直方体 P，Q があり，相似比は 3：4 であるとき，P と Q の体積比を求めましょう．

解答　直方体 P ∽ 直方体 Q で相似比は 3：4 だから

体積比は　[　　^{3} :　　^{3}] = [　　:　　]

パワーアップ

相似な 2 つの図形の面積比は，
本当に相似比の 2 乗なの？

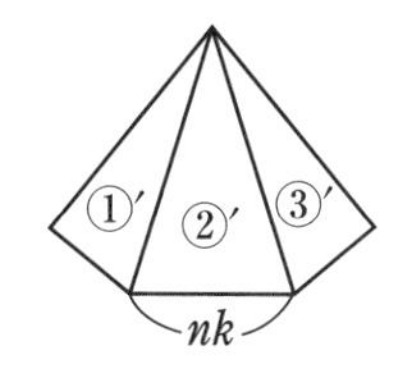

相似比　$m : n$

①：①′ $= m^2 : n^2$

$=$ ②：②′

$=$ ③：③′

これより　①＋②＋③：①′＋②′＋③′ $= m^2 : n^2$

STEP 23

REPEAT

1 BC：B′C′ ＝2：3 の相似な △ABC と△A′B′C′ があり，それぞれの面積をS cm^2，S' cm^2 とするとき，次の問いに答えましょう．

(1) $S:S'$ を求めましょう．

(2) $S'=36$ (cm^2) のとき，S を求めましょう．

2 相似な２つの三角すいＰ，Ｑがあり，相似比は，５：２ であるとき，ＰとＱの体積比と，表面積比をそれぞれ求めましょう．

学習日

自己評価

3　相似な２つの円すいＦ，Ｇがあり，その高さの比が，2：3 のとき，次の問いに答えましょう．

(1)　ＦとＧの底面の円の半径の比を求めましょう．

(2)　ＦとＧの表面積比を求めましょう．

(3)　Ｆの体積が，$96\pi \mathrm{cm}^3$ のとき，Ｇの体積を求めましょう．

第5章　期末対策

1　右の直角三角形ABCの頂点Aから，辺BCに垂線ADを引くとき，次の問いに答えましょう．

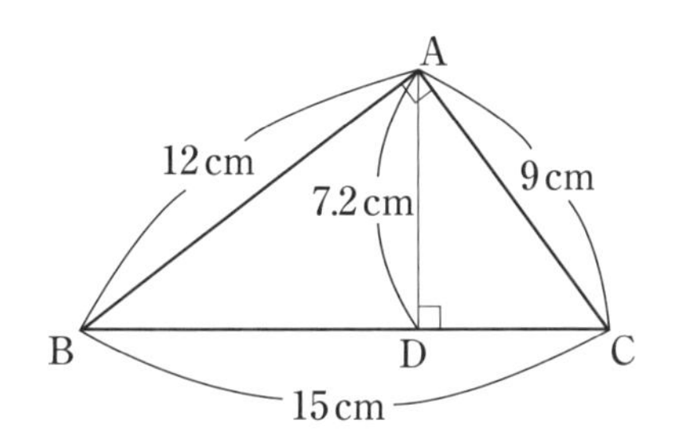

(1)　△ABD∽△CADであることを証明しましょう．

(2)　線分CDの長さを求めましょう．

2 次の図で $\ell /\!/ m$，$\ell /\!/ n$ のとき，x の値を求めましょう．

(1)

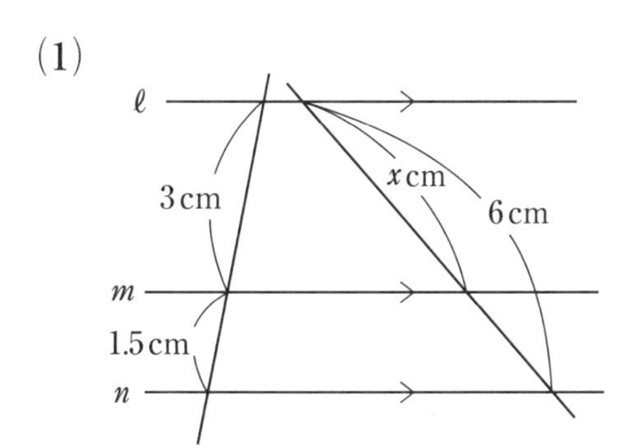

(2)

ℓ
m
n
5 cm
3 cm
8 cm
x cm

3 右の図で，AB∥EF∥CD のとき，線分 EF の長さを求めましょう．

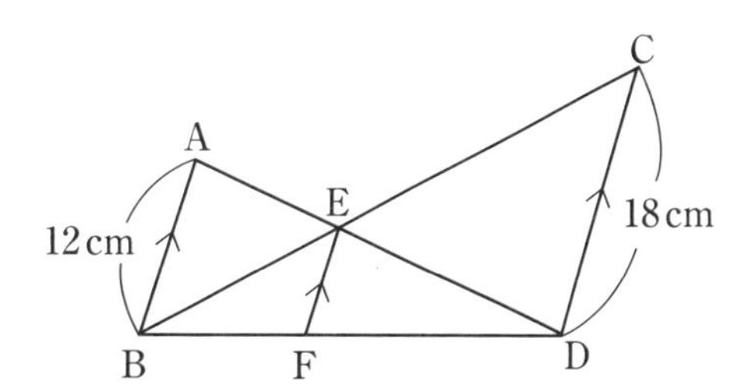

4　右の図で点 M，N はそれぞれ辺 AB，AC の中点であり，点 C は線分 ND の中点である．このとき，線分 CE の長さを求めましょう．

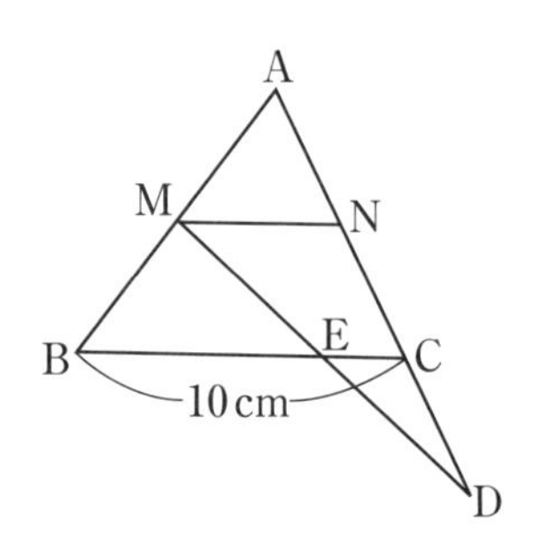

5　右の図のように高さを３等分するところで，底面に平行な平面で円すいを切ったとします．この３つの立体 X, Y, Z の体積比を求めましょう．

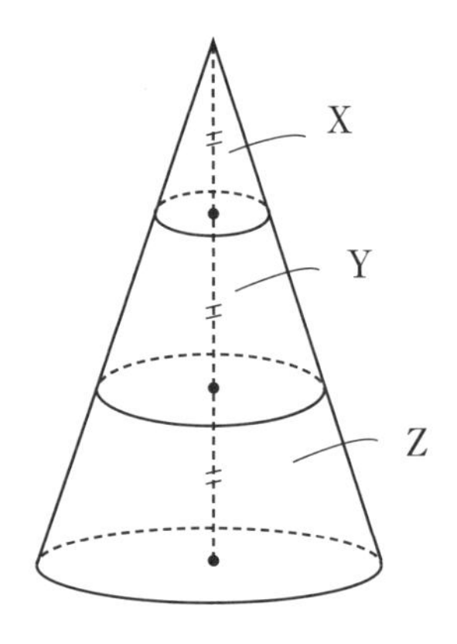

学習日

自己評価　再度チャレンジ　ナットク　完全合格

6　右の図の □ 部分の面積は平行四辺形ABCDの面積の何倍か答えましょう．ただし，点Mは辺ADの中点とします．

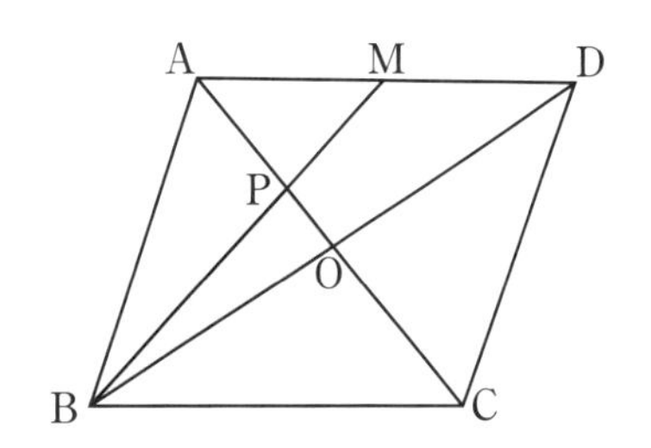

円周角と中心角

右の図の円 O で，$\overset{\frown}{AB}$ を除いた円周上に点 P をとるとき，∠APB を $\overset{\frown}{AB}$ に対する 円周角 といいます．

∠AOB は，$\overset{\frown}{AB}$ に対する中心角といいます．

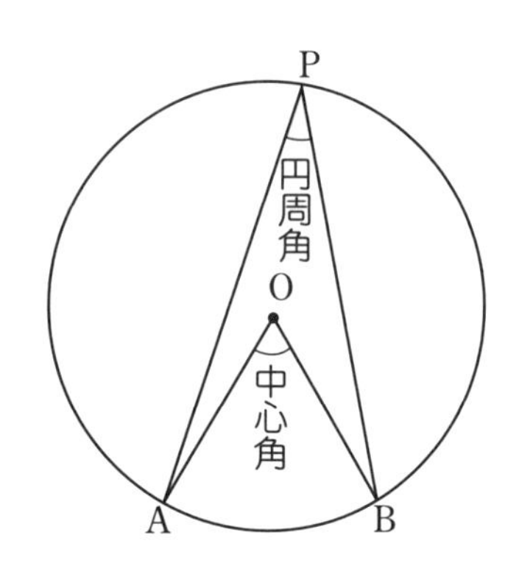

① $\angle APB = \frac{1}{2}\angle AOB$

② $\angle APB = \angle AQB$

③ 同じ円の等しい長さの弧に対する円周角の大きさは等しい

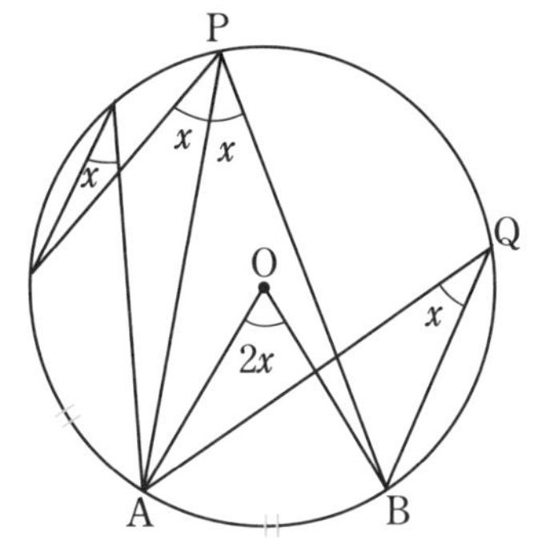

円周角の定理は逆も成り立ちます．

2 点 P，Q が直線 AB に関して同じ側にあり，$\angle APB = \angle AQB$ であるとき，4 点 P，Q，A，B は同一円周上にあります．

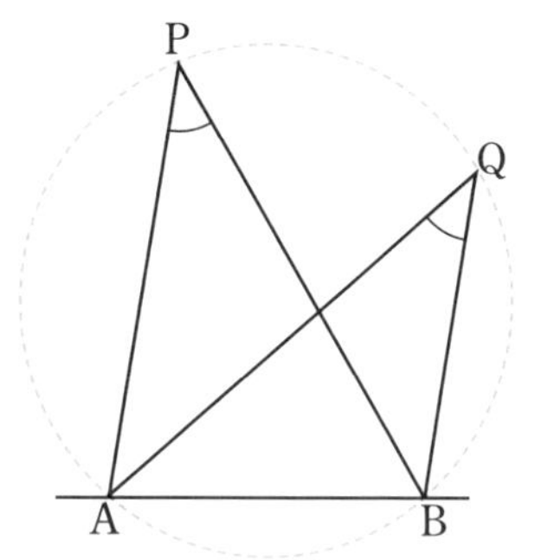

(1)　$\angle x = \frac{1}{2} \times 100° = 50°$

(2)　$\angle x = \frac{1}{2} \times 210° = 105°$

(3)　$\angle BCD = 90°$　　よって　$\angle ACD = 20°$

$\angle x = \angle ABD = \angle ACD = 20°$

基本問題

次の図の円Oにおいて，$\angle x$ の大きさを求めましょう．

(1)

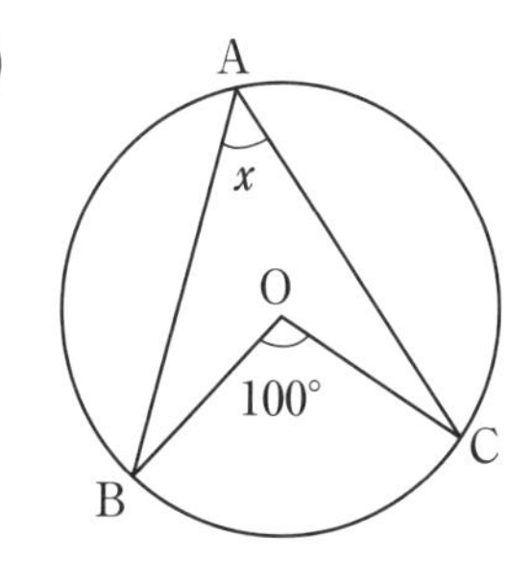

解答　$\angle$BAC は，$\overset{\frown}{\mathrm{BC}}$ に対する円周角であるから，$\overset{\frown}{\mathrm{BC}}$ の中心角の半分となり

$\angle x = \frac{1}{2} \times$ □° = □°

(2)

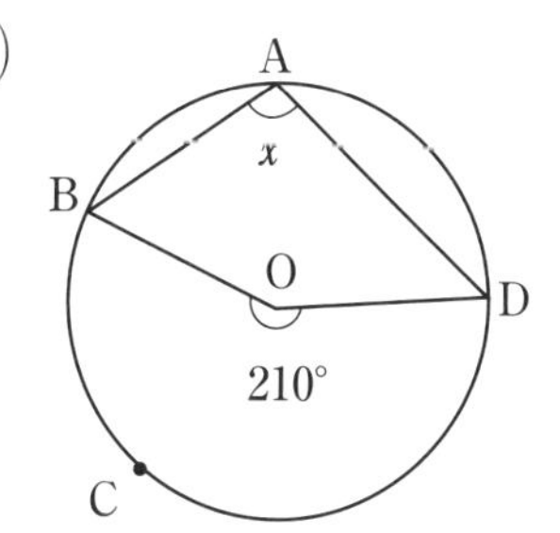

解答　$\angle$BAD は，$\overset{\frown}{\mathrm{BCD}}$ に対する円周角であるから

$\angle x = \frac{1}{2} \times$ □° = □°

(3)

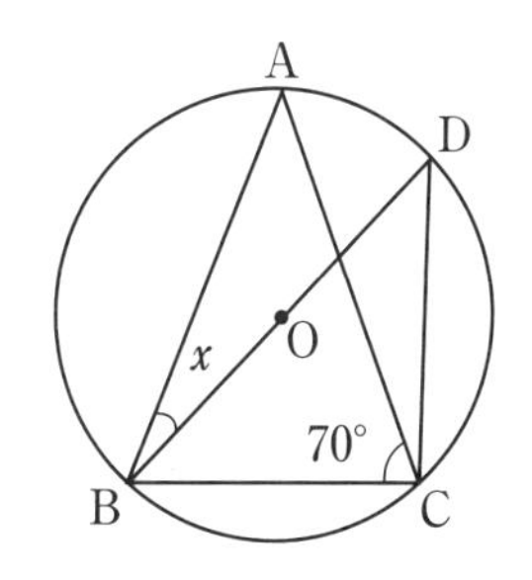

解答　線分 BD は，円の直径であるから $\angle$BCD は半円の弧に対する円周角であり

$\angle$BCD = □°

よって　$\angle$ACD = □°

ここで $\overset{\frown}{\mathrm{AD}}$ に対する円周角を考えると

$\angle x = \angle$ABD $= \angle$ACD = □°

半円の弧に対する円周角

半円の弧ということは，右の図において，AとBを結んだ線分はその円の直径になります．ですから，中心角は180°で，円周角は $180° \times \frac{1}{2} = 90°$ となるわけです．

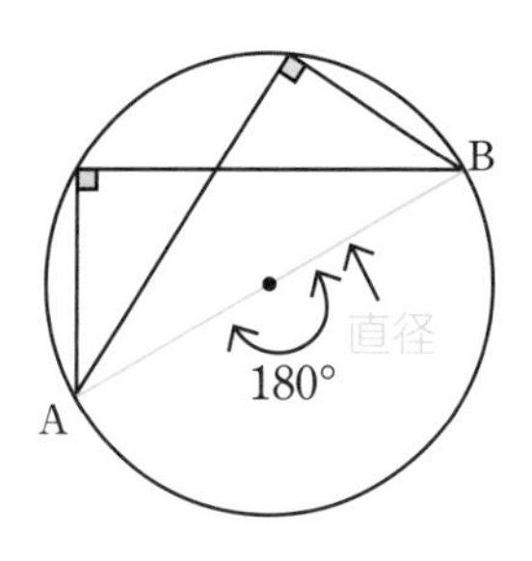

STEP 24 REPEAT

1 次の図の円 O において，$\angle x$ の大きさを求めましょう．

(1)

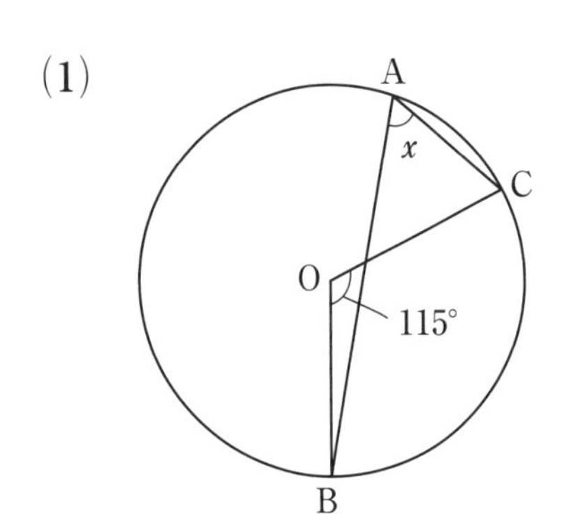

(2)

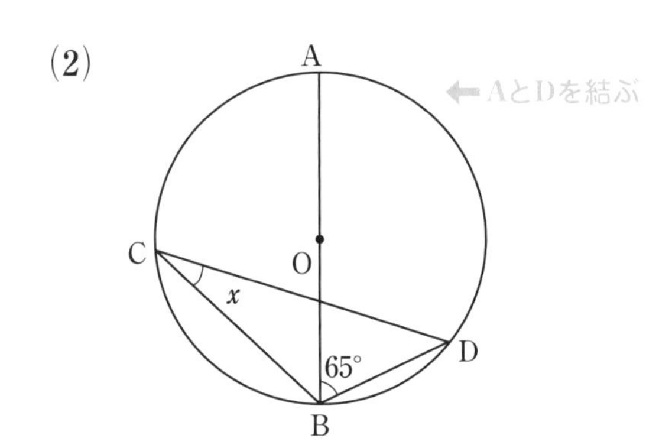

2 右の図の円 O において，$\overset{\frown}{CD}$ の長さが，$\overset{\frown}{AB}$ の長さの 3 倍であるとき，$\angle x$ の大きさを求めましょう．

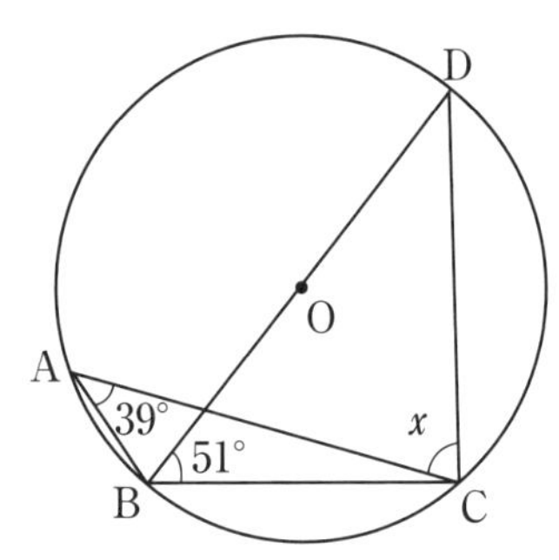

3 次の (ア)，(イ)，(ウ) のうち，4 点 A，B，C，D が同一円周上にあるものをすべて選びましょう．

(ア)

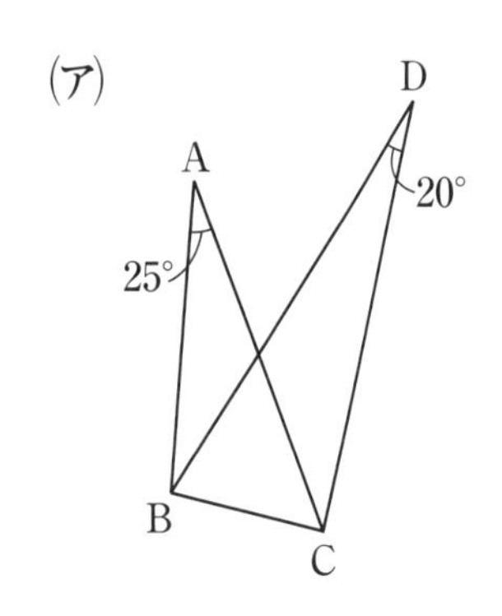

(イ)

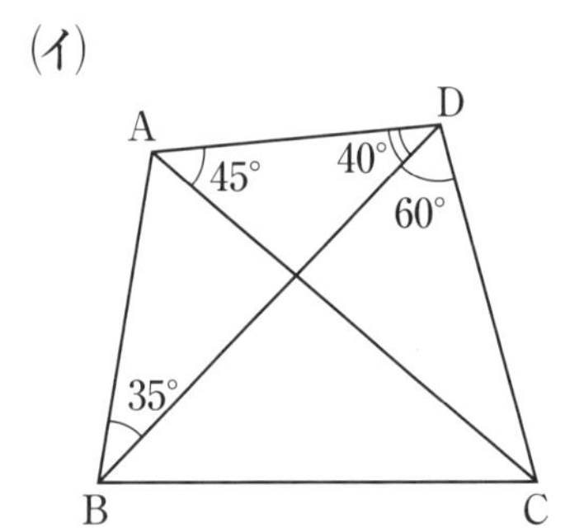

(ウ)

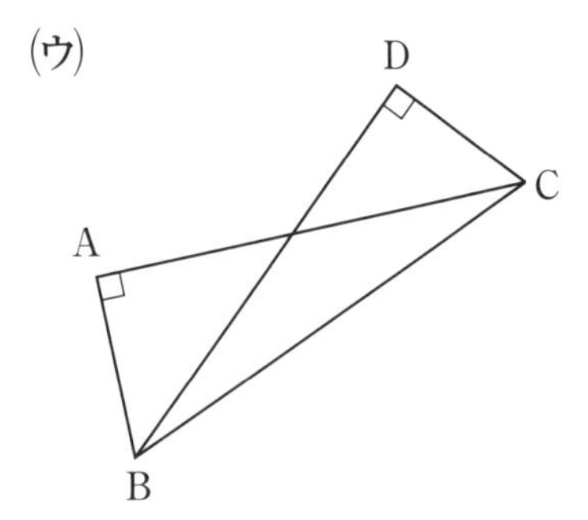

4 次の図の円Oにおいて，$\angle x$ の大きさを求めましょう．

(1)

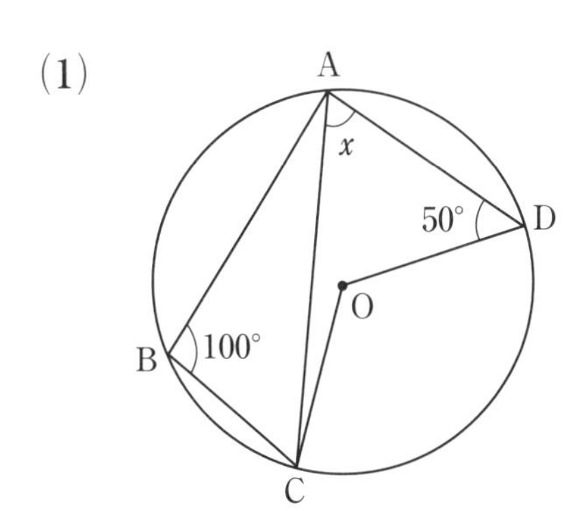

(2)

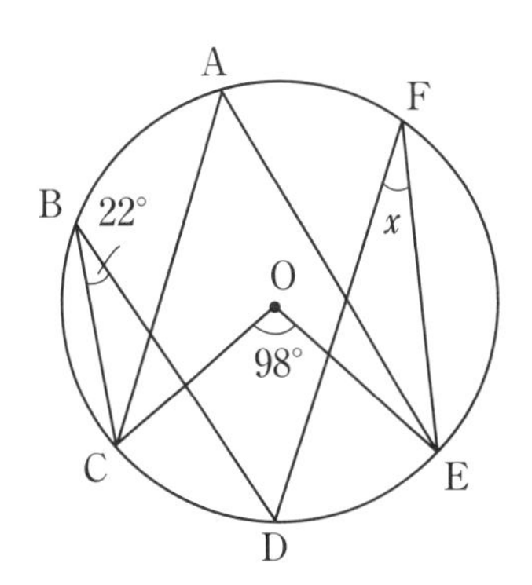

5 右の図の円Oにおいて，直線 ℓ は点Bで，円Oに接していて，ACは点Oを通っています．このとき，$\angle x$ の大きさを求めましょう．

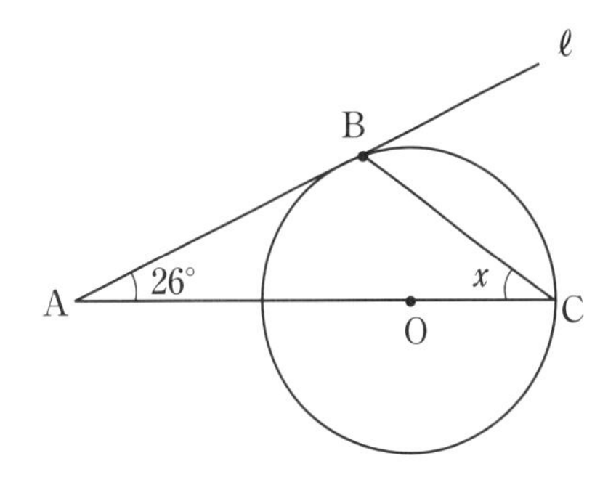

6 右の図において，$\angle x$ と $\angle y$ の大きさを求めましょう．

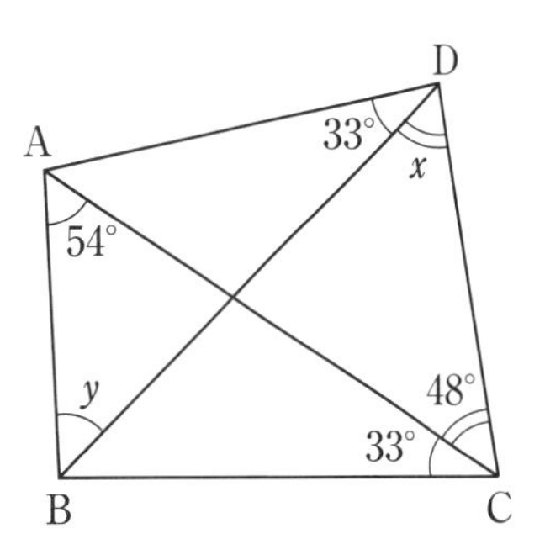

円と相似

円周角の定理を使って相似の証明を考えてみよう！

相似条件は

① 3組の辺の比がすべて等しい

② 2組の辺の比とその間の角がそれぞれ等しい

③ 2組の角がそれぞれ等しい

でしたね．この中でも特に ③ をよく使うよ．

円周角の定理を使って，角を移したり，中心角と円周角の関係から，大きさを求めたりと角を用いての証明が多いよ．注意して見ていくようにしようね．

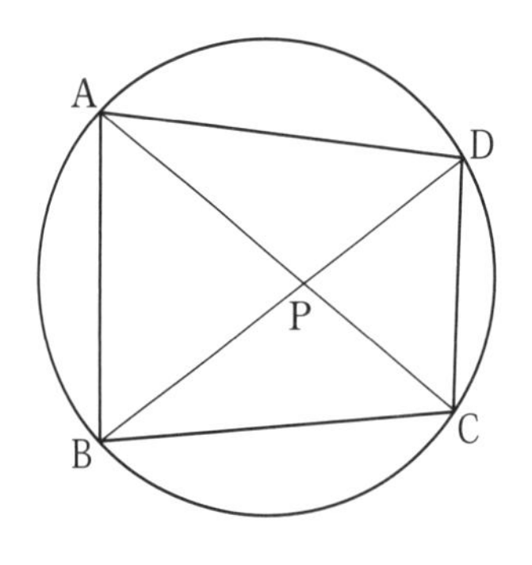

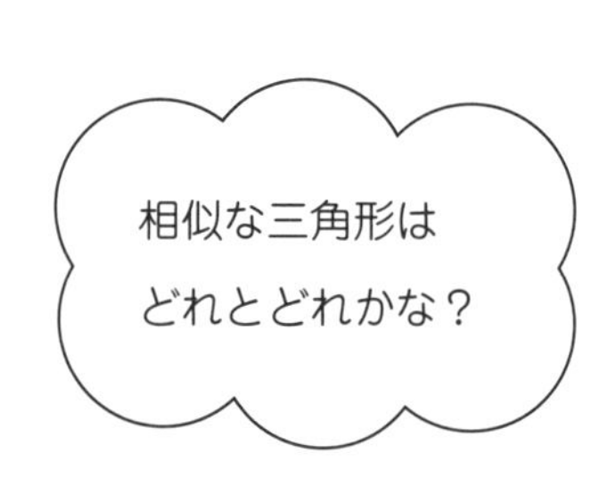

∠APC＝∠DPB ……①

∠CAP＝∠BDP ……②

以上，①，②から2組の角がそれぞれ等しいので

基本問題

右の図の円Oにおいて，弦ABとCDが，円内の点Pで交わるとき，

△ACP∽△DBP

であることを証明しましょう．

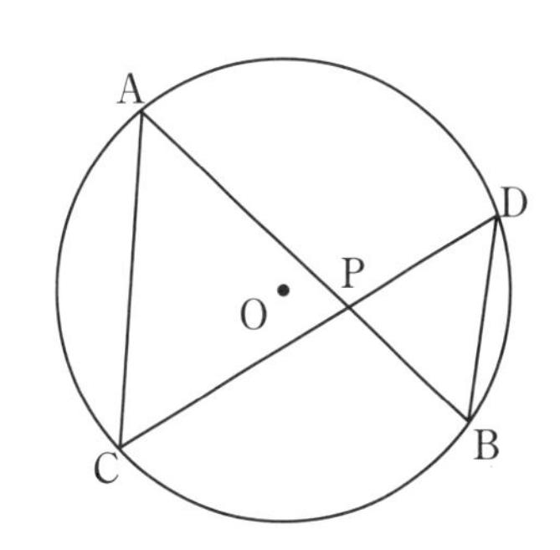

証明 △ACPと△DBPにおいて，

対頂角は等しいので

∠ [ ] ＝ ∠ [ ] ……①

また，$\overset{\frown}{BC}$ に対する円周角より，

∠ [ ] ＝ ∠ [ ] ……②

以上①，②から

[ ] ので

△ACP∽△DBP

上の問題では，$\overset{\frown}{BC}$ に対する円周角を使いましたが，$\overset{\frown}{AD}$ を用いても，もちろんかまいません．

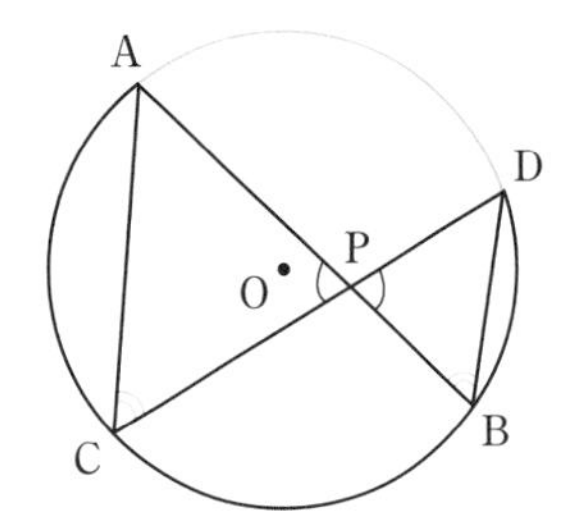

STEP 25

REPEAT

1 図の円Oにおいて，線分ADは，円Oの直径になっています．点Aから線分BCに垂線AHを引くとき

$$\triangle AHC \backsim \triangle ABD$$

であることを証明しましょう．

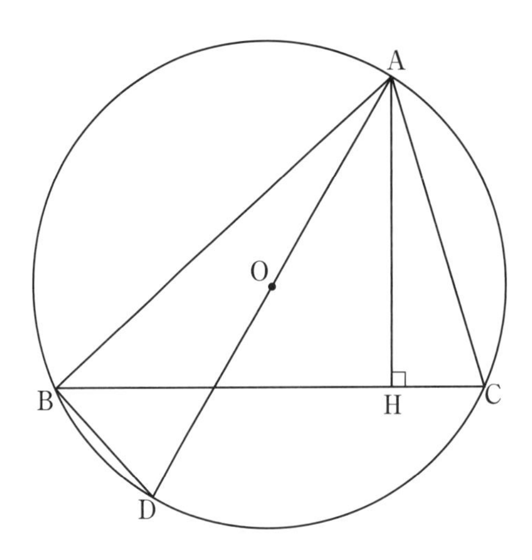

学習日

自己評価 

2 図のように，円に内接する五角形 ABCDE において，線分 BE と線分 AC，AD の交点をそれぞれ F，G とします．$\overset{\frown}{AB}=\overset{\frown}{BC}$，$\overset{\frown}{AE}=\overset{\frown}{ED}$ とします．このとき

$$\triangle ABF \backsim \triangle EAG$$

であることを証明しましょう．

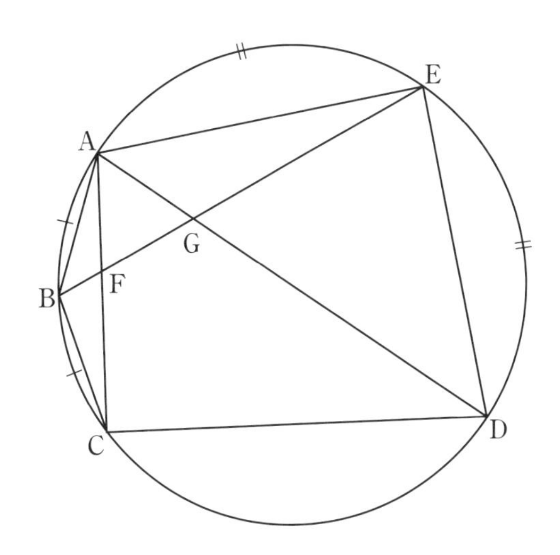

STEP 26

第6章　三平方の定理

三平方の定理

直角三角形の直角をはさむ 2 辺の長さを a，b，斜辺の長さを c とするとき，

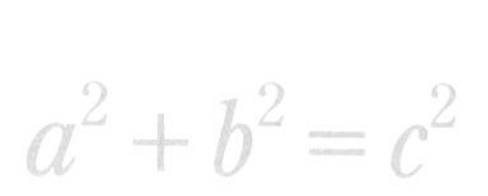

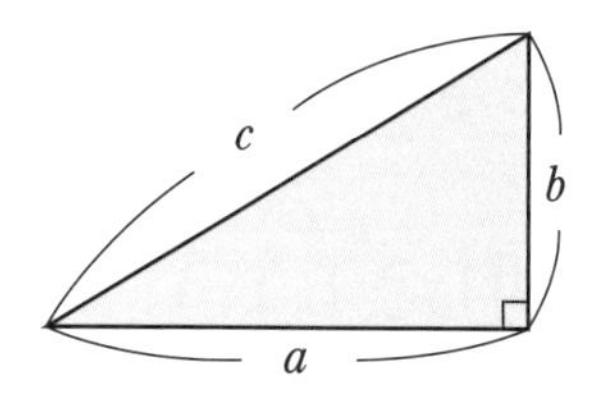

という式が成り立ちます．これを，三平方の定理といいます．

3 辺の比が整数となるような直角三角形には，

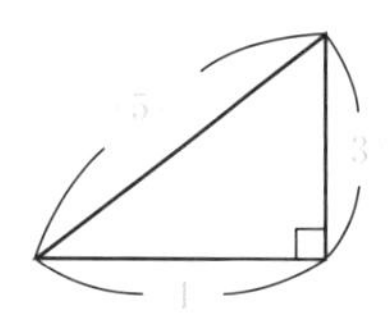

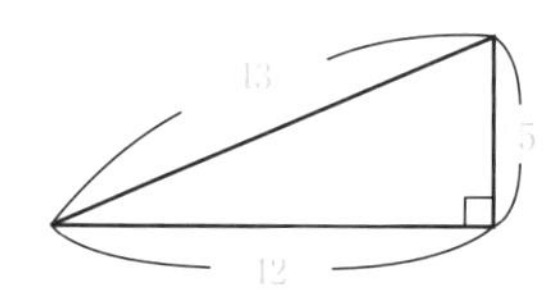

などがあります．（もちろん，他にもたくさんあるよ．）

三平方の定理は，逆も成り立ちます．

右の図のような三角形で

$$a^2+b^2=c^2$$

ならば，$\angle C=90°$ となります．

つまり，△ABCが直角三角形ということです．

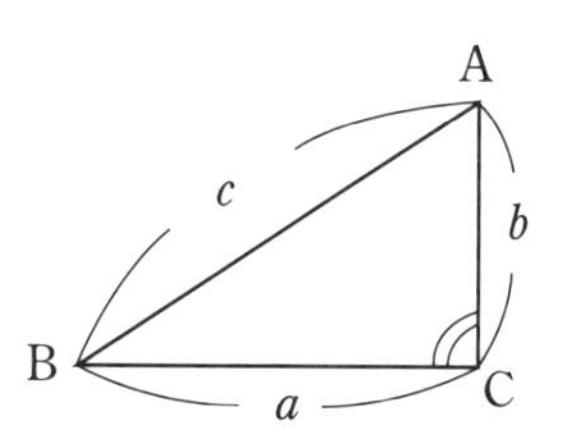

(1)　直角をはさむ 2 辺の長さは 4cm，3cm

$x^2=4^2+3^2=25$　　$x>0$ であるから　$x=5$

(2)　直角をはさむ 2 辺の長さは 4 cm，x cm

$8^2=4^2+x^2$ より　$x^2=48$　　$x>0$ であるから　$x=4\sqrt{3}$

基本問題

次の直角三角形において，xの値を求めましょう．

(1)

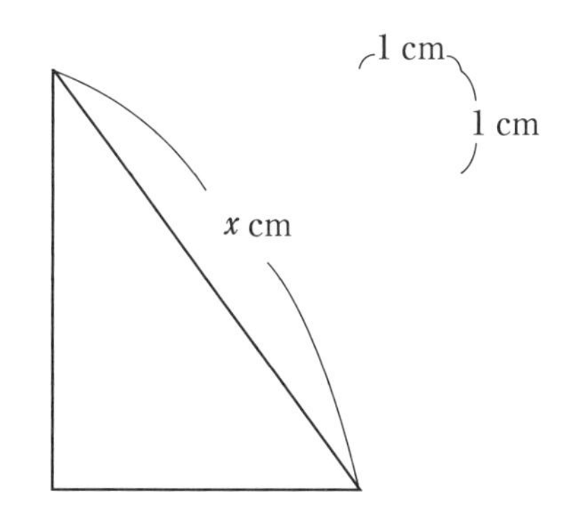

解答　xは直角三角形の斜辺の長さで，直角をはさむ2辺の長さは

□ cm，□ cm

三平方の定理より

$x^2 =$ □$^2 +$ □^{2}

$=$ □

$x>0$であるから　$x =$ □

(2)

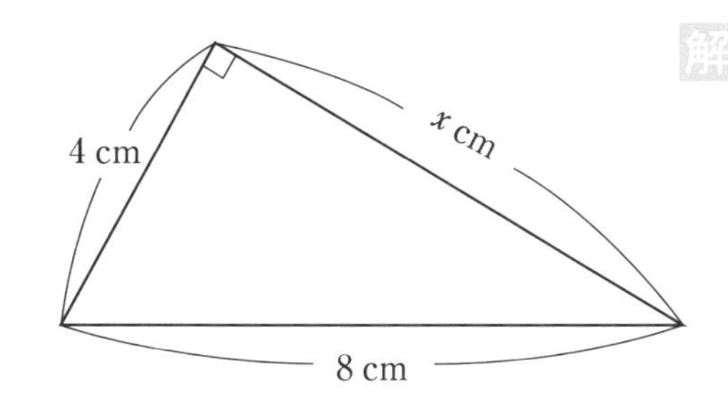

解答　斜辺の長さが8 cmで，直角をはさむ2辺の長さは

□ cm，□ cm

三平方の定理より

$8^2 =$ □$^2 +$ □^{2}　より　$x^2 =$ □

$x>0$であるから　$x =$ □

(2)でよく見かけるミス

$x^2 = 4^2 + 8^2$

という式にしてしまうミスです．

必ず（斜辺の長さ）$^2 = a^2 + b^2$

と覚えましょう！

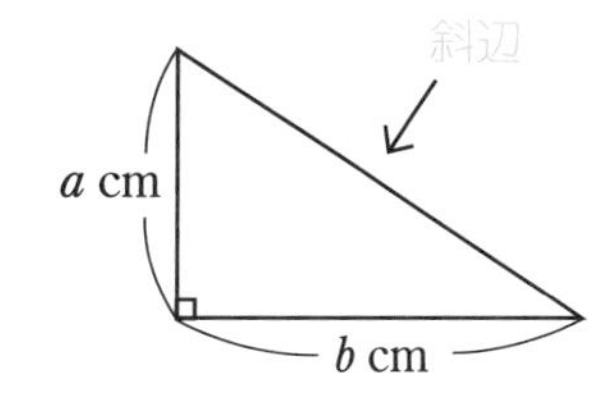

STEP 26 REPEAT

1 次の直角三角形で，x，yの値を求めましょう．

(1)

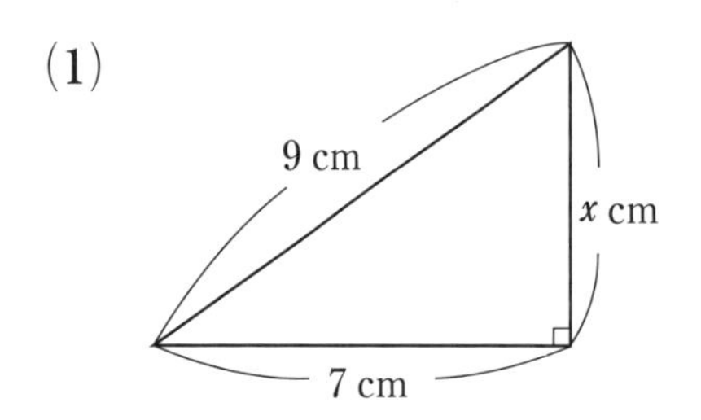

(2)

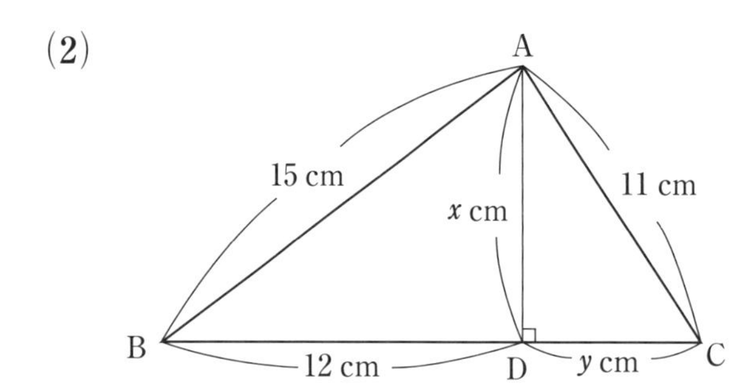

← △ABDと△ACDはどちらも直角三角形

学習日

自己評価　再度チャレンジ　ナットク　完全合格

2　次の直角三角形で，x の値を求めましょう．

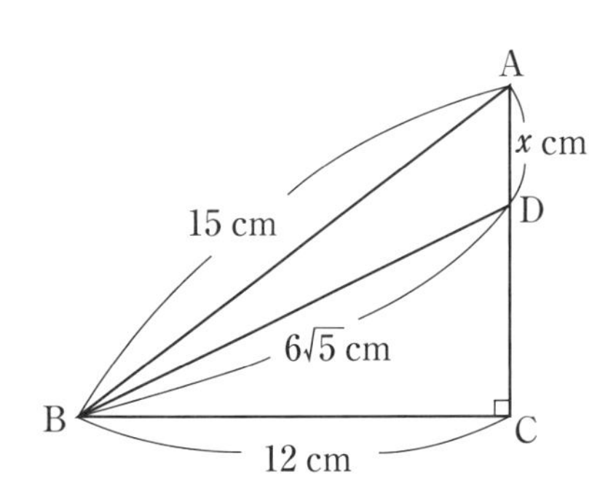

3　△ABCの 3 辺の長さを $AB=c$，$BC=a$，$CA=b$ とします．このとき，次の三角形が直角三角形かを調べましょう．

(1)　$a=4$ cm，$b=\sqrt{6}$ cm，$c=\sqrt{10}$ cm

(2)　$a=6$ cm，$b=8$ cm，$c=\sqrt{17}$ cm

STEP 27

第6章　三平方の定理

三平方の定理の利用（1）

三平方の定理を利用して，平面図形の線分の長さを求めてみよう！

よく使う直角三角形は，

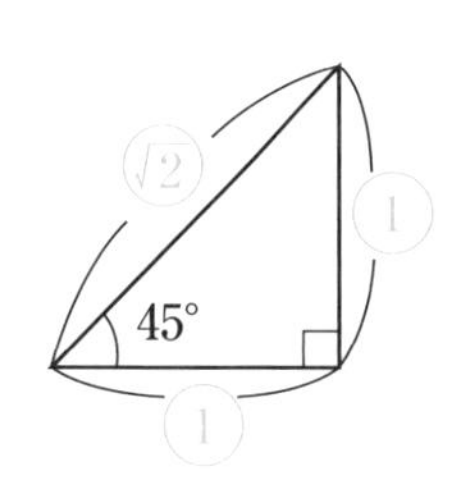

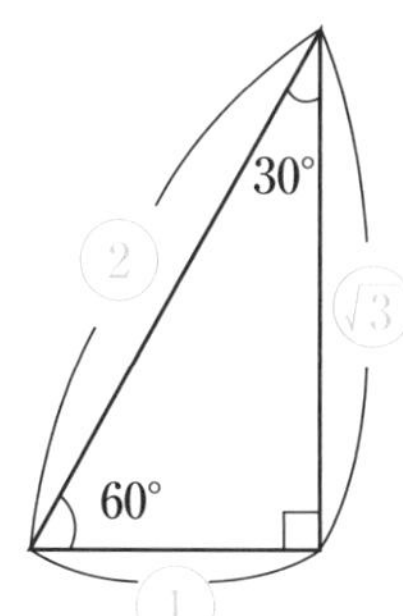

の2つです．三角定規です．

また，座標平面では，2点間の距離を三平方の定理を用いて求めることができます．

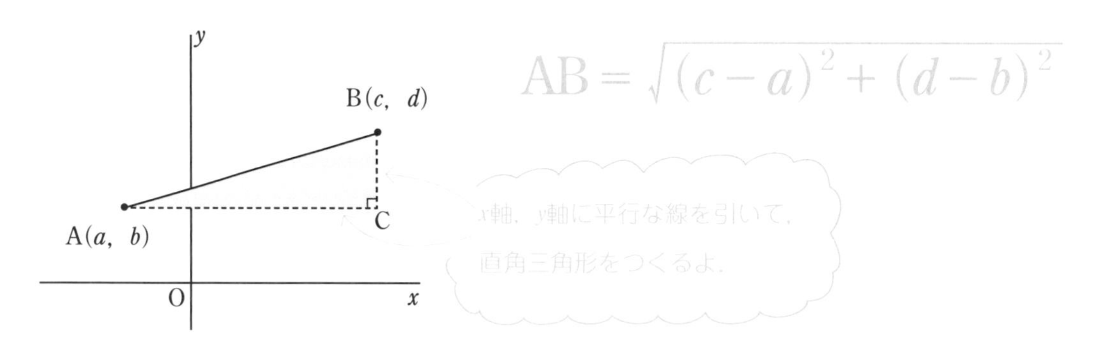

1　$x = \mathrm{BC} = \sqrt{2} \times \mathrm{AB} = \sqrt{2} \times 8 = 8\sqrt{2}$ (cm)

$y = \mathrm{AD} = \dfrac{1}{\sqrt{2}} \times \mathrm{AB} = \dfrac{\sqrt{2}}{2} \times 8 = 4\sqrt{2}$ (cm)

2　$\mathrm{AB}^2 = (4-1)^2 + (4-2)^2 = 13$

$\mathrm{AB} > 0$ だから　$\mathrm{AB} = \sqrt{13}$

基本問題

1 次の図で，△ABC，△ABD はともに，45°，45°，90° の直角二等辺三角形になります．x，y の値を求めましょう．

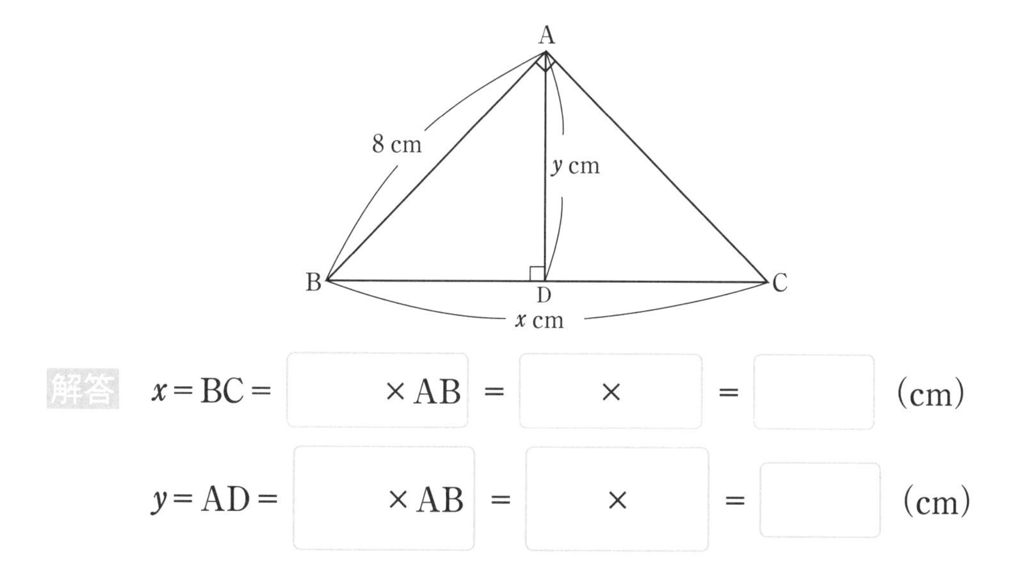

解答 x = BC = [　　×AB] = [　　×　　] = [　　] (cm)

y = AD = [　　×AB] = [　　×　　] = [　　] (cm)

2 2点 A(1, 2)，B(4, 4) の間の距離を求めましょう．

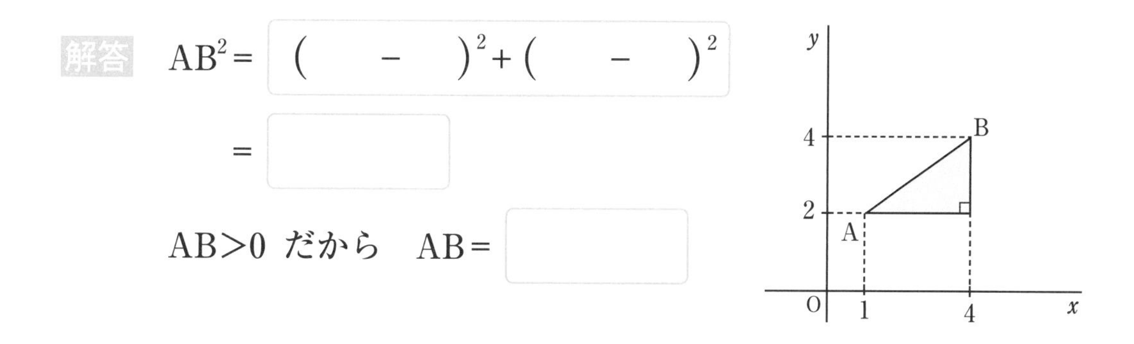

解答 AB^2 = [$(\quad - \quad)^2 + (\quad - \quad)^2$]

= [　　]

AB>0 だから　AB = [　　]

円と三平方の定理について

① 弦の長さ

② 接線の長さ

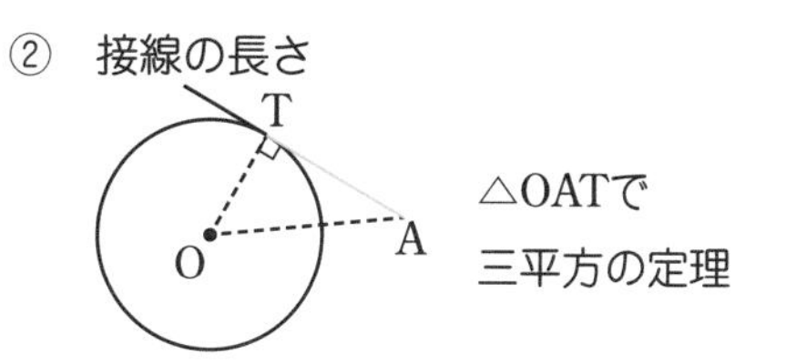

パワーアップ

STEP 27 REPEAT

1 次の図で，x，y の値を求めましょう．

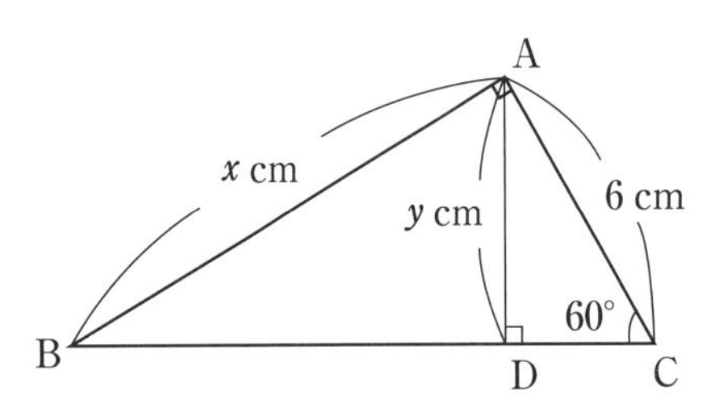

2 2点 A$(-1,\ 2)$，B$(3,\ 1)$ 間の距離を求めましょう．

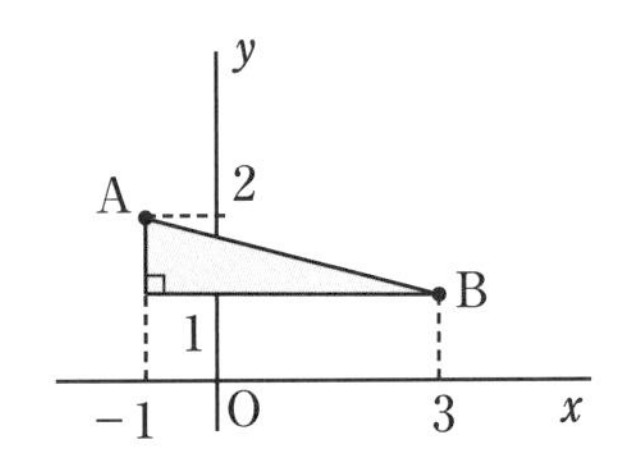

3 右の図のような平行四辺形 ABCD の面積を求めましょう．

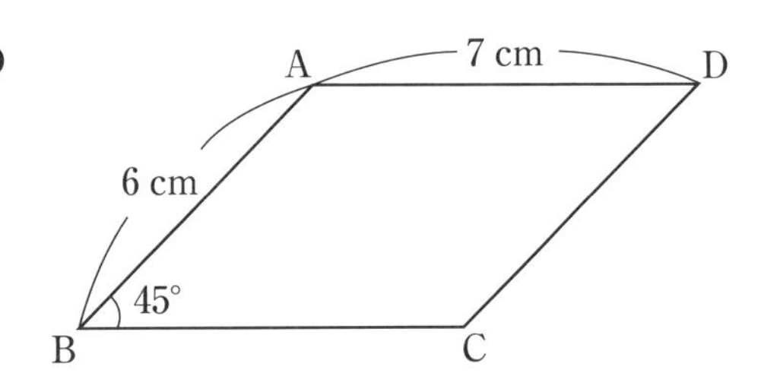

学習日

4 座標平面上に A(1, 3), B(4, 2) があります. O を原点とし, OA, OB を 2 辺とする平行四辺形 OACB をつくるとき, 次の問いに答えましょう.

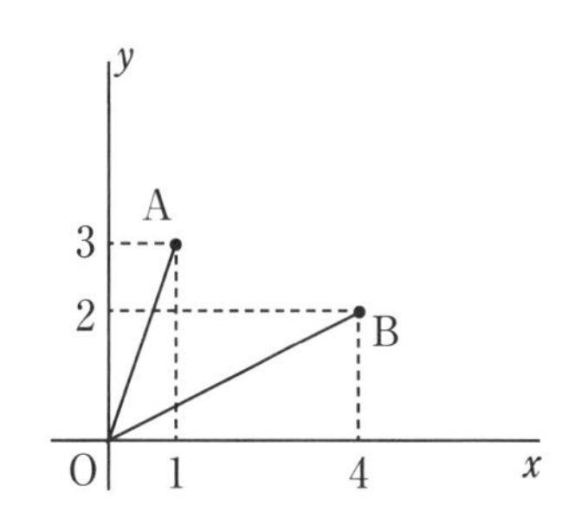

(1) 点 C の座標を求めましょう.

(2) 対角線 OC の長さを求めましょう.

5 右の図のような台形 ABCD の面積を求めましょう.

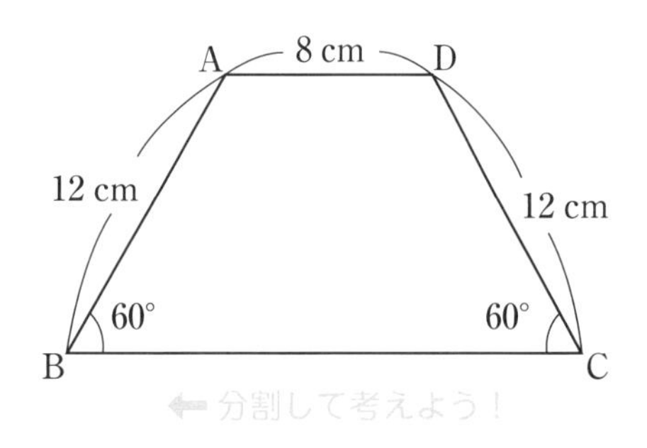

STEP 28

第6章　三平方の定理

三平方の定理の利用（2）

三平方の定理を利用すると，空間図形の線分の長さを求めることもできます．

このとき，大事なことは，直角三角形を見つけることです．

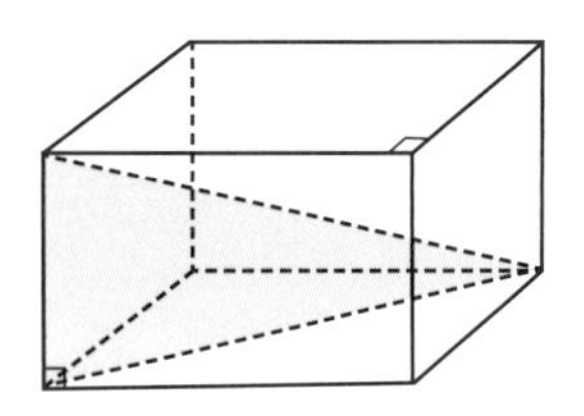

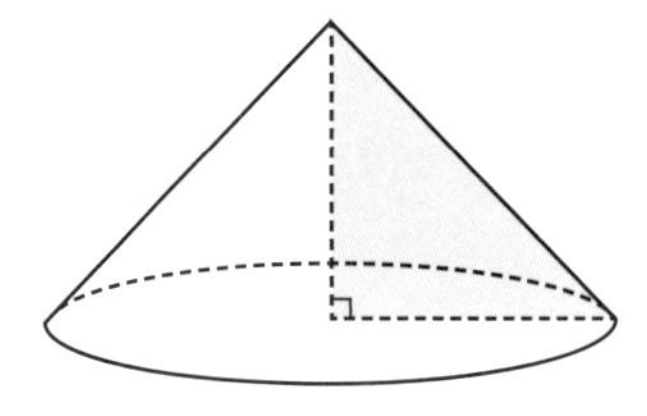

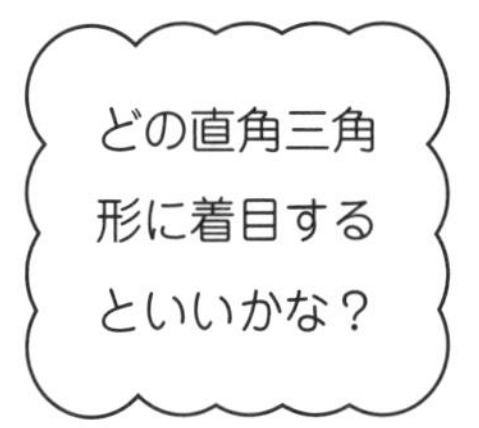

展開図などでも同じです．

図のようにAからBにひもをかけるとき，ひもの長さが最も短くなるのは側面の展開図の線分ABの長さです．

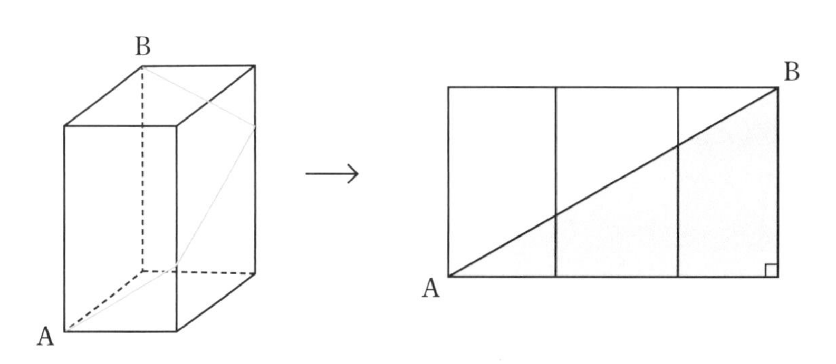

(1)　$EF=AB=8$ cm，$FG=AD=6$ cm

$EG^2=8^2+6^2=100$　　$EG>0$ であるから　$EG=10$ (cm)

(2)　$AG^2=5^2+10^2=125$　　$AG>0$ であるから　$AG=5\sqrt{5}$ (cm)

基本問題

右の図のような直方体 ABCD－EFGH があります.

(1) 線分 EG の長さを求めましょう.

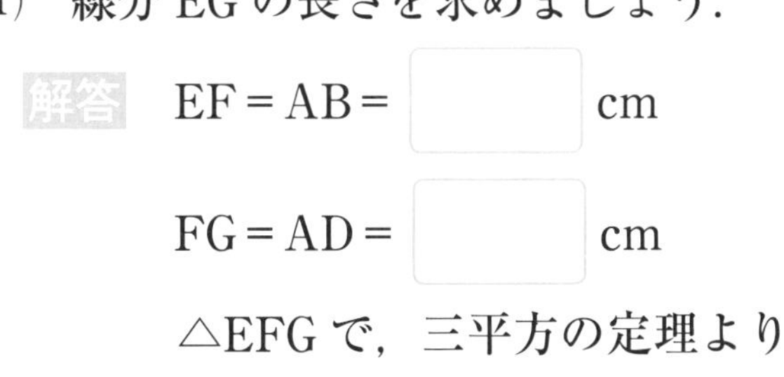

解答　EF＝AB＝［　　］cm

FG＝AD＝［　　］cm

△EFG で，三平方の定理より

EG^2＝［　　^{2}＋　　^{2}］＝［　　］

EG＞0 であるから　EG＝［　　］(cm)

(2) 線分 AG の長さを求めましょう.

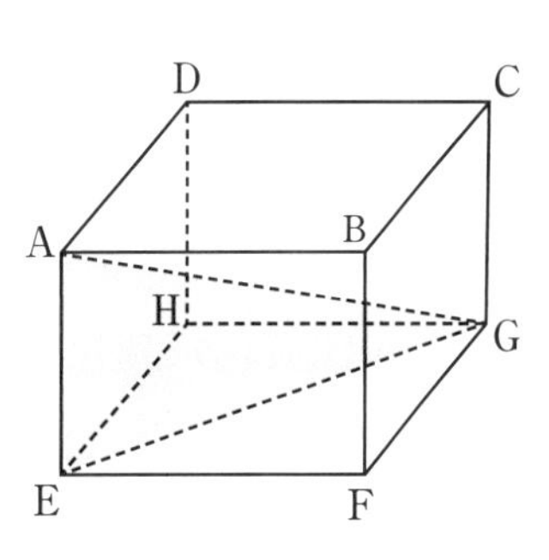

解答　△AEGで，三平方の定理より

AG^2＝［　　^{2}＋　　^{2}］

＝［　　］

AG＞0 であるから　AG＝［　　］(cm)

直方体の対角線の長さ

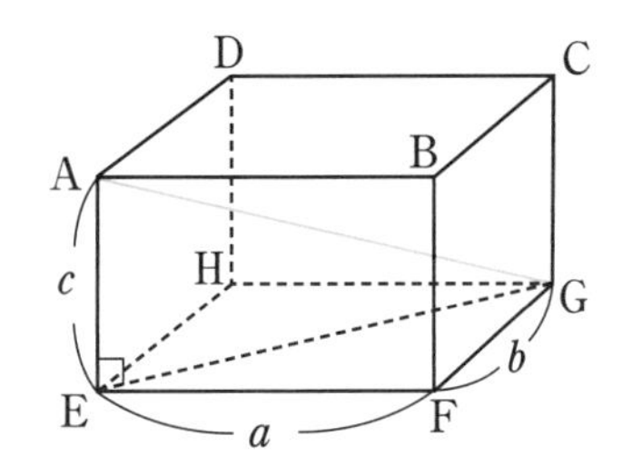

左図のように，AGを直方体の対角線といいます.

△EFG と △AEG で三平方の定理を用いると

$EG^2=a^2+b^2$，$AG^2=c^2+EG^2$　　2 式から

$AG^2=a^2+b^2+c^2$　　AG＞0 から　AG＝$\sqrt{a^2+b^2+c^2}$

パワーアップ

STEP 28

REPEAT

1 右の図のような直方体 ABCD−EFGH があります．線分 BH の長さを求めましょう．

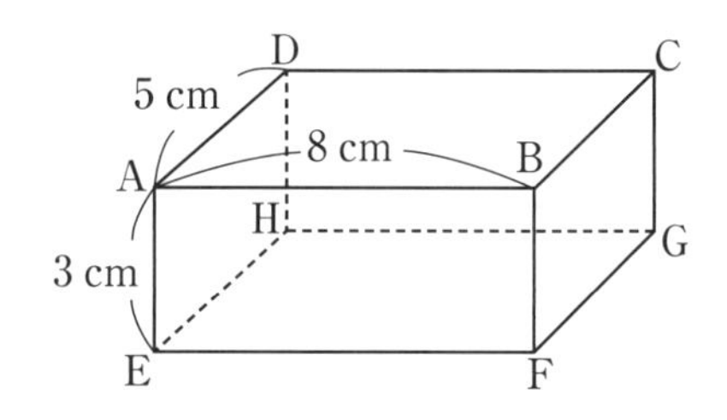

2 右の図のような正四角すい O−ABCD があります．底面の対角線の交点を H とするとき，線分 OH の長さを求めましょう．

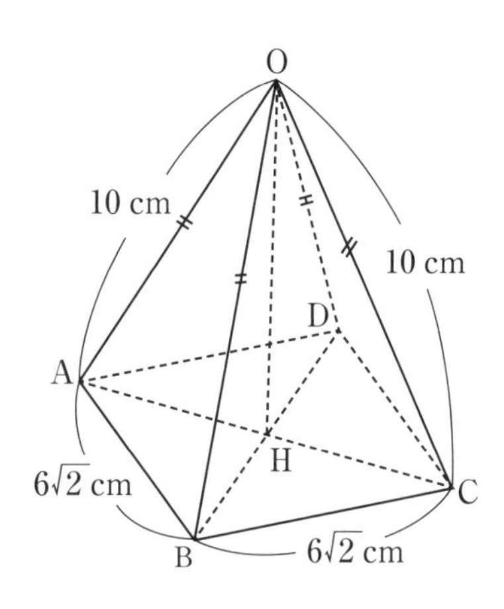

学習日

自己評価　再度チャレンジ　ナットク　完全合格

3 右の図のような円すいがあります．このとき，次の問いに答えましょう．

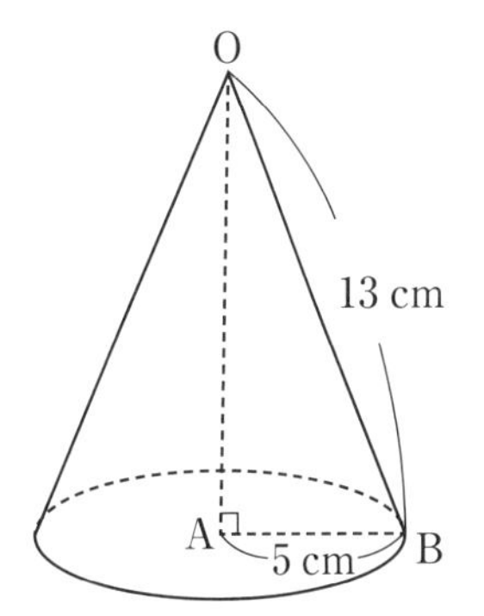

(1) 円すいの高さ（OA の長さ）を求めましょう．ただし，点 A は底面の円の中心とします．

(2) 円すいの体積を求めましょう．

第６章　期末対策

1　下の図で，$\angle x$ の大きさを求めましょう．

(1)

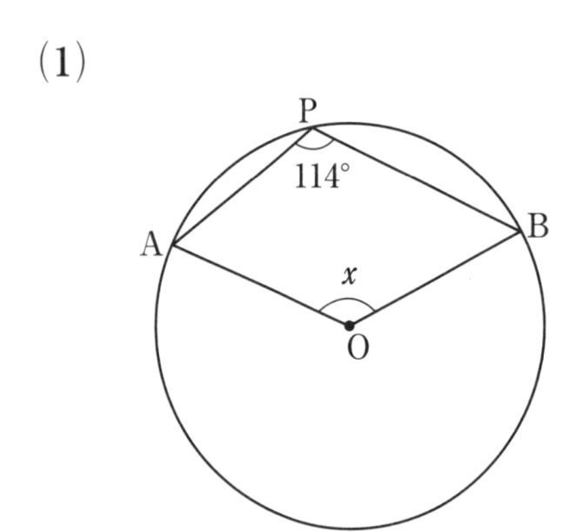

(2)

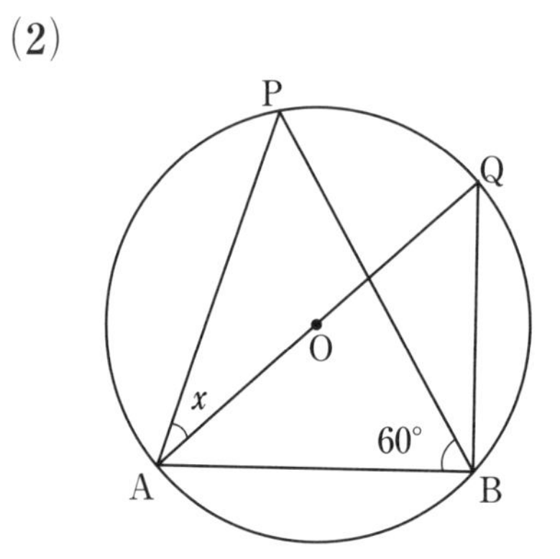

2　右の図について，x の値を求めましょう．

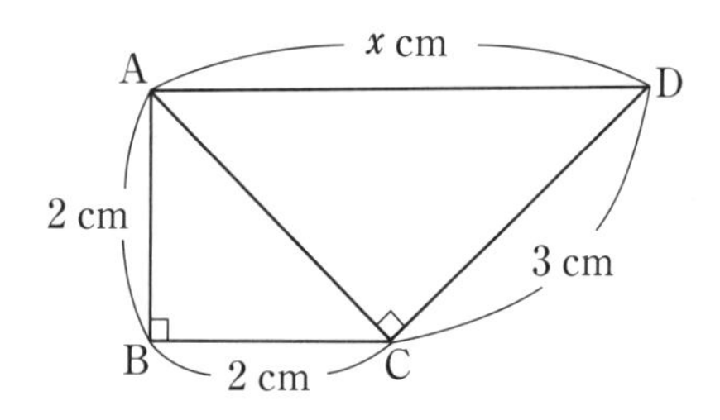

3 右の図の △ABC の面積を求めましょう．

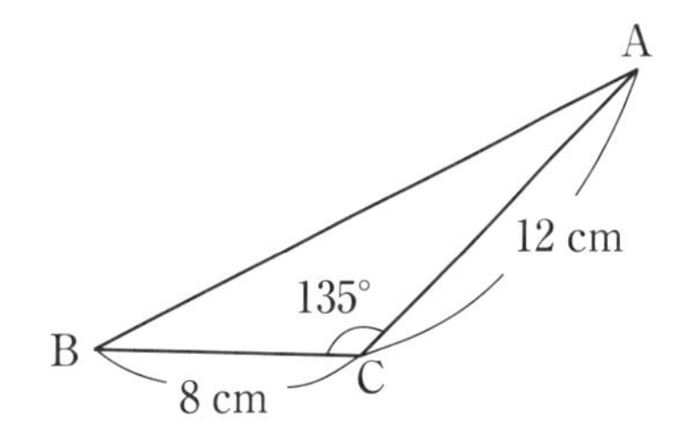

4 右の図の直角三角形で，x の値を求めましょう．

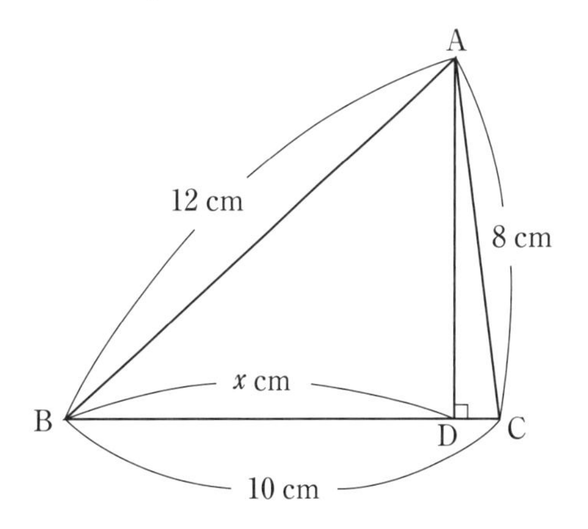

5　直角三角形 ABC と合同な直角三角形を図のように組み合わせて，正方形 CDEF をつくりました．

この図を用いて三平方の定理 $a^2+b^2=c^2$ を証明しましょう．

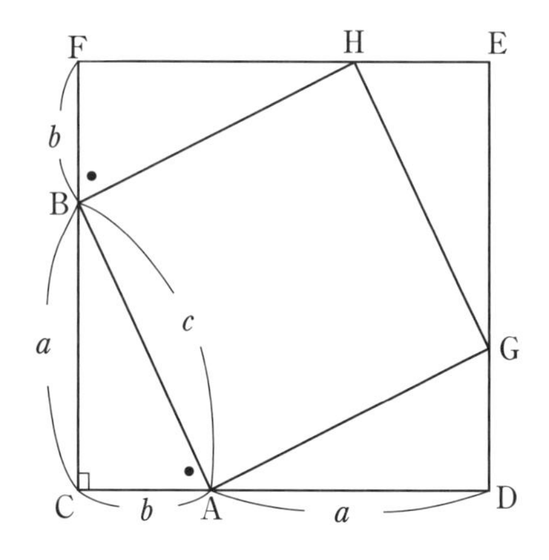

ヒント　正方形 CDEF の面積は２種類の方法で表せます．

6 右の図で，PT は円 O の接線（T は接点），A は円 O と線分 PO との交点です．

PT＝6 cm，PA＝4 cm のとき，円 O の半径 x cm を求めましょう．

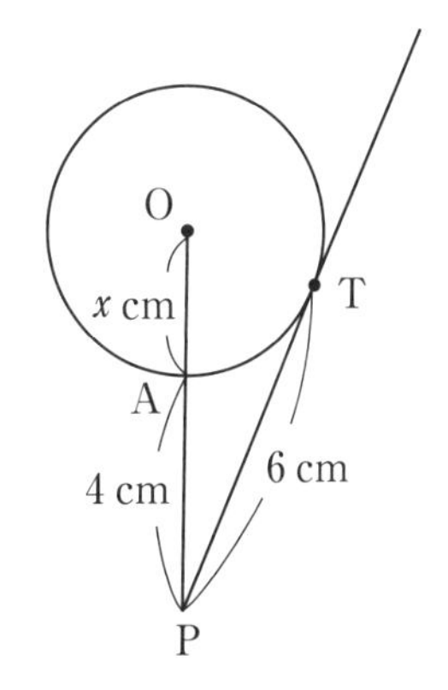

7 半径 6 cm の球を，中心から 4 cm の距離にある平面で切ったとき，その切り口の面積を求めましょう．

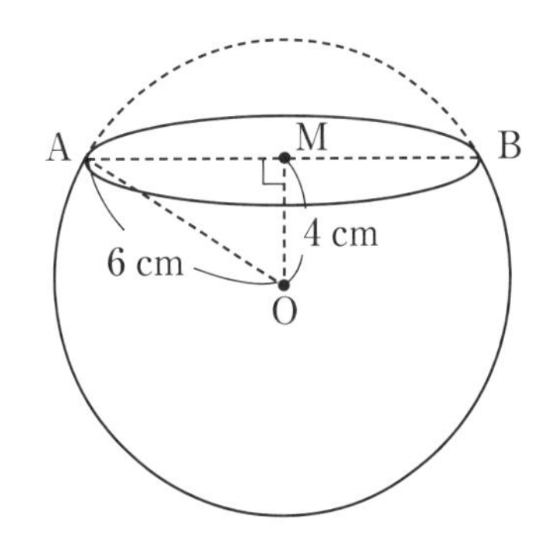

標本調査

全数調査： ある集団について，何か調べるとき，その集団のすべてについて調べる．

（国勢調査，学校で行う身体測定）

標本調査： 集団の一部を取り出して調べる．

（世論調査など）

標本調査の際の調査の対象となるもの全体を 母集団 といい，母集団から取り出された一部の資料を 標本 といいます．

標本は，母集団から，かたよりなく取り出される必要があり，かたよりなく標本を選ぶことを 無作為に抽出する といいます．

無作為に抽出

母集団 → 標本

標本 → 母集団

推測

確率の知識を使うよ

1 ① 全数調査　② 母集団　③ 標本

2 $\frac{1}{25}$　$x \times \frac{1}{25} = 300$ であるから　$x = 7500$

1日に製造した品物の個数は 7500 個と推測される．

基本問題

1 次の ☐ にあてはまることばをかきましょう.

ある集団の性質を調べるのに，その集団のすべてについて調べることを ［1　　　］ といいます．標本調査するとき，性質を調べたい集団全体を ［2　　　］ といい，調査のために取り出された一部の資料を ［3　　　］ といいます.

2 ある工場で，大量に製造される品物から，100 個を無作為に抽出したところ，そのうち 4 個が不良品でした．この工場で 1 日に出た不良品の個数は 300 個でした．このとき，1 日に製造した品物の個数を推測しましょう.

解答 この工場では ［　　　］ の確率で不良品が発生した　← $\frac{4}{100}$

と考えられる．1 日で x 個の品物を製造したとすると

［$x\times$　　　$=300$］ であるから　$x=$［　　　］

1 日に製造した品物の個数は ［　　　］ 個と推測される.

確率の求め方　パワーアップ

起こる場合が全部で n 通りあり，そのどれもが起こることも同様に確からしいとします．このうち，
ことがら A が起こるのが a 通りであるとき，その確率は $\frac{a}{n}$ です.

STEP 29 REPEAT

1 次の調査では，全数調査と標本調査のどちらが適切か答えましょう．

(1) 学校で行う進路調査

(2) ほうれん草に含まれている鉄分の量の調査

2 白玉と黒玉が合わせて30万個入っている箱があります．この箱の中から，標本として400個の玉を無作為に取り出すと，黒玉が72個入っていました．この箱の中の黒玉の個数は，およそ何個と推測されますか．

学習日

自己
評価

3 ある中学校の3年生320人について，数学の学習の好き嫌いを調べるために，標本調査をすることにしました．標本の選び方として，適切でないものを選びましょう．また，その理由をいいましょう．

(ア) 男子だけを選ぶ．

(イ) くじ引きで80人を選ぶ．

(ウ) 数学のテストを行い，70点以上の人だけを選ぶ．

4 箱の中に黒玉だけが入っています．多くて数えきれないので，同じ大きさの白玉500個を箱の中に入れ，そこから，標本として300個の玉を無作為に抽出すると，白玉が20個含まれていました．このとき，はじめに箱の中に入っていた黒玉の個数はおよそ何個と推測されますか．

著 者　**頼 田 智 史**（よりた・さとし）

大阪教育大学教育学部卒業.

現在，清風中学校・高等学校教諭.

やさしく学ぶ　数学リピートプリント　中学3年

2013年4月10日　初版発行
2021年1月20日　改訂新版発行

著 者　頼 田 智 史
発行者　面 屋 尚 志
企 画　清風堂書店
発 行　フォーラム・A

〒530-0056　大阪市北区兎我野町15-13
電話　(06)6365-5606
FAX　(06)6365-5607
振替　00970-3-127184

制作編集担当・蒔田　司郎

表紙デザイン・ウエナカデザイン事務所
印刷・㈱関西共同印刷所／製本・高廣製本

フォーラム・A

REPEAT　解答

第１章　式の計算

【p.6～7】step01

1 (1) $-3x^2+12x$
(2) $6a^2-9a$
(3) $3a+2$
(4) $-15x+18$

2 (1) $-6y^3+10y^2-4y$
(2) $4x^2-12xy+20x$
(3) $10x-4y$
(4) $\frac{2}{5}a-\frac{2}{3a}$

【p.10～11】step02

1 (1) $2xy-5x+6y-15$
(2) $a^2+2a-15$
(3) $25x^2-20x+4$
(4) $4y^2+4y+1$
(5) y^2-36

2 $(90+3)\times(90-3)=8100-9=8091$

3 (1) $8x^3-2x^2+20x-5$
(2) $2x^3+9x^2+2x-1$
(3) x^2-5x+6
(4) $4x^2+12xy+9y^2$
(5) $36x^2-25y^2$

4 $(100+3)\times(100-8)=100^2-5\times100-24$
$=9476$

【p.14～15】step03

1 (1) $2x(7xy-1)$
(2) $a(x-2y+3z)$
(3) $(9+x)(9-x)$
(4) $(2x+3)(2x-3)$
(5) $(x-7)^2$
(6) $(3x-1)^2$

2 (1) $3xy(7x-y)$
(2) $2x(5a-2b-c)$
(3) $(5x+8)(5x-8)$
(4) $\left(3x+\frac{1}{7}\right)\left(3x-\frac{1}{7}\right)$
(5) $(3x-5)^2$
(6) $\left(x+\frac{1}{4}\right)^2$

【p.18～19】step04

1 (1) $(a+1)(a+6)$
(2) $(y-2)(y-6)$
(3) $(x+3)(x-4)$
(4) $(x+2)(x-7)$
(5) $-3(x+4)(x-1)$
(6) $2x(y+2)(y-2)$
(7) $3a(2x-3)^2$

2 $(192+92)\times(192-92)=284\times100$
$=28400$

3 (1) $(x+2)(x-5)$
(2) $(x-2)(x-14)$
(3) $2y(x+8)(x-2)$
(4) $-3x(y+5)^2$
(5) $2a(2x+5y)(2x-5y)$

4 $(2n+3)^2-(2n+1)^2$
$=(2n+3+2n+1)(2n+3-2n-1)$
$=(4n+4)\times2$
$=8(n+1)$
$n+1$ は整数なので，与式は８の倍数.

【p.20～23】第１章　期末対策

1 (1) $-6x^3+8x^2-4x$
(2) $3x^2-9xy+18x$
(3) $-10x+20y$
(4) $6x-4y$
(5) $x^2-3x-10$
(6) $9x^2+9x-4$
(7) $4x^2-20x+25$

(8)　x^2-81

(9)　$4x^2-9$

(10)　$-11x-3$

2 (1)　6，36

(2)　4，12

(3)　16，4

3 (1)　$(x+11)(x-2)$

(2)　$(xy-4)(xy-11)$

(3)　$4a(x-1)^2$

(4)　$xy(x+y)(x-y)$

4　$(a-2b)^2+4b(a-b)$

$=a^2-4ab+4b^2+4ab-4b^2=a^2$

$a=-4$ を代入して

$a^2=(-4)^2=16$

5 (1)　$(10-0.1)^2=10^2-2\times10\times0.1+(0.1)^2$

$=100-2+0.01$

$=98.01$

(2)　$(5.5^2-4.5^2)\times3.14$

$=(5.5+4.5)\times(5.5-4.5)\times3.14$

$=10\times1\times3.14$

$=31.4$

6 (1)　$S=\pi(a+r)^2-\pi r^2$

$=\pi(a^2+2ar+r^2)-\pi r^2$

$=\pi a(a+2r)$

(2)　$\ell=2\times\left(r+\frac{a}{2}\right)\times\pi=\pi(2r+a)$ だから(1)の結果に代入すると　$S=a\ell$

第２章　平方根

【p.26～27】step05

1 (1)　±7　(2)　±0.5

(3)　$\pm\sqrt{11}$　(4)　$\pm\sqrt{\frac{2}{5}}$　$(\pm\sqrt{0.4})$

2 (1)　6

(2)　-10

(3)　-0.3

3 (1)　$-\sqrt{7}<\sqrt{6}$

(2)　$5=\sqrt{25}$ なので　$\sqrt{24}<5$

4 (1)　$196=2^2\times7^2$ なので　±14

(2)　$\pm\sqrt{0.3}$

(3)　$\pm\sqrt{\frac{3}{7}}$

(4)　$0.36=(0.6)^2$ なので　±0.6

5 (1)　$-\sqrt{\frac{2^2}{7^2}}=-\frac{2}{7}$

(2)　$\sqrt{9}=3$

6 (1)　$\sqrt{5}\times\sqrt{5}=5$

(2)　$(-\sqrt{0.7})\times(-\sqrt{0.7})=0.7$

7 (1)　$-3=-\sqrt{9}$ なので　$-3>-\sqrt{10}$

(2)　$6.2=\sqrt{38.44}$ なので　$6.2<\sqrt{39}$

【p.30～31】step06

1 (1)　$\sqrt{2\times11}=\sqrt{22}$

(2)　$\sqrt{\frac{30}{5}}=\sqrt{6}$

(3)　$\sqrt{5\times7}=\sqrt{35}$

(4)　$4\times2\times(\sqrt{3})^2=24$

2 (1)　$\sqrt{28}$

(2)　$\sqrt{\frac{7}{9}}$

3 (1)　$4\sqrt{3}$

(2)　$\frac{\sqrt{2}}{3}$

4 (1)　$\sqrt{\frac{45}{5}}=\sqrt{9}=3$

(2)　$\sqrt{2\times2\times3}=2\sqrt{3}$

(3)　$\sqrt{4\times2}\times\sqrt{4\times3}=2\sqrt{2}\times2\sqrt{3}$

$=4\sqrt{6}$

(4)　$\frac{\sqrt{6}}{8}\times\frac{4}{\sqrt{3}}=\frac{\sqrt{2}}{2}$

5　$720=2^4\times3^2\times5$ より

$\sqrt{720}=2^2\times3\times\sqrt{5}=12\sqrt{5}$

【p.34～35】step07

1　有理数　$-7,\sqrt{0.81},\sqrt{\frac{8}{18}}$

無理数　$\sqrt{11}$，$-\pi$

② (1) $2\sqrt{2}=2\times1.414=\mathbf{2.828}$

(2) $-\sqrt{32}=-\sqrt{4^2\times2}=-4\sqrt{2}$

$=-4\times1.414$

$=\mathbf{-5.656}$

(3) $\sqrt{\dfrac{1}{50}}=\sqrt{\dfrac{1}{5^2\times2}}=\dfrac{1}{5\sqrt{2}}=\dfrac{\sqrt{2}}{5\times2}$

$=\dfrac{\sqrt{2}}{10}$

$=\dfrac{1.414}{10}$

$=\mathbf{0.1414}$

③ (1) $\dfrac{1\times\sqrt{5}}{\sqrt{5}\times\sqrt{5}}=\dfrac{\sqrt{5}}{5}$

(2) $\dfrac{\sqrt{2}\times\sqrt{3}}{\sqrt{3}\times\sqrt{3}}=\dfrac{\sqrt{6}}{3}$

(3) $\dfrac{2\sqrt{3}\times\sqrt{2}}{3\sqrt{2}\times\sqrt{2}}=\dfrac{2\sqrt{6}}{6}=\dfrac{\sqrt{6}}{3}$

(4) $\dfrac{\sqrt{2}}{\sqrt{3^2\times5}}=\dfrac{\sqrt{2}\times\sqrt{5}}{3\sqrt{5}\times\sqrt{5}}=\dfrac{\sqrt{10}}{15}$

(5) $\dfrac{5\sqrt{2}\times(\sqrt{3}\times\sqrt{5})}{(\sqrt{3}\times\sqrt{5})\times(\sqrt{3}\times\sqrt{5})}=\dfrac{5\sqrt{30}}{15}$

$=\dfrac{\sqrt{30}}{3}$

【p.38～39】step08

① (1) $(2+1+3)\sqrt{5}=\mathbf{6\sqrt{5}}$

(2) $(1-4)\sqrt{3}=\mathbf{-3\sqrt{3}}$

(3) $(8-2)\sqrt{2}+(-4+3)\sqrt{3}$

$=\mathbf{6\sqrt{2}-\sqrt{3}}$

② (1) $\sqrt{3^2\times6}+\sqrt{2^2\times6}=3\sqrt{6}+2\sqrt{6}$

$=\mathbf{5\sqrt{6}}$

(2) $3\sqrt{5}+\dfrac{1\times\sqrt{5}}{\sqrt{5}\times\sqrt{5}}=3\sqrt{5}+\dfrac{\sqrt{5}}{5}$

$=\mathbf{\dfrac{16}{5}\sqrt{5}}$

(3) $\sqrt{4^2\times2}-\sqrt{3^2\times2}+\sqrt{2^2\times2}$

$=4\sqrt{2}-3\sqrt{2}+2\sqrt{2}$

$=(4-3+2)\sqrt{2}$

$=\mathbf{3\sqrt{2}}$

③ (1) $4\sqrt{3}-\dfrac{9\times\sqrt{3}}{\sqrt{3}\times\sqrt{3}}+\sqrt{2^2\times3}$

$=4\sqrt{3}-\dfrac{9\sqrt{3}}{3}+2\sqrt{3}$

$=(4-3+2)\sqrt{3}$

$=\mathbf{3\sqrt{3}}$

(2) $\sqrt{2^2\times5}+\sqrt{3^2\times2}-\sqrt{5^2\times5}+\sqrt{4^2\times2}$

$=2\sqrt{5}+3\sqrt{2}-5\sqrt{5}+4\sqrt{2}$

$=(2-5)\sqrt{5}+(3+4)\sqrt{2}$

$=\mathbf{-3\sqrt{5}+7\sqrt{2}}$

④ (1) $\sqrt{5}\times2\sqrt{10}-3\sqrt{5}$

$=(\sqrt{5})^2\times2\sqrt{2}-3\sqrt{5}$

$=\mathbf{10\sqrt{2}-3\sqrt{5}}$

(2) $(\sqrt{3})^2+3\sqrt{3}+2$

$=3+3\sqrt{3}+2$

$=\mathbf{5+3\sqrt{3}}$

(3) $(\sqrt{6})^2-2\times\sqrt{6}\times\sqrt{3}+(\sqrt{3})^2$

$=6-6\sqrt{2}+3$

$=\mathbf{9-6\sqrt{2}}$

(4) $\sqrt{3}\times2\sqrt{2}-\sqrt{3}+2\times2\sqrt{2}-2$

$=\mathbf{2\sqrt{6}-\sqrt{3}+4\sqrt{2}-2}$

(5) $(\sqrt{2^2\times3}+\sqrt{3^2\times2})(2\sqrt{3}-3\sqrt{2})$

$=(2\sqrt{3}+3\sqrt{2})(2\sqrt{3}-3\sqrt{2})$

$=(2\sqrt{3})^2-(3\sqrt{2})^2$

$=12-18$

$=\mathbf{-6}$

【p.42～43】step09

①

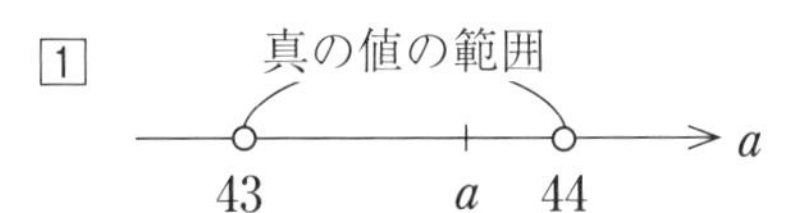

問題文より真の値 a の範囲は,

$\mathbf{43<a<44}$

② (1) 1.2×10

(2) 3.1×10^2

(3) 9.8×10^3

(4) 7.0

③

真の値の範囲

0.05 0.05

25.95 26.0 26.05 a

0.1℃未満を四捨五入しているから,誤差の絶対値は,0.05℃以下.

これより,真の値 a の範囲は,

$25.95 \leqq a < 26.05$

4 (1) 1.258×10^3 g

(2) 6.020×10^3 個

(3) 1.200×10^6 人

(4) 4.210×10 km

【p.44 ～ 47】第２章　期末対策

1 (1) ± 4　(2) $\pm\sqrt{13}$

2 (1) $2\sqrt{3} = \sqrt{2^2 \times 3} = \sqrt{12}$ なので

$\sqrt{11} < 2\sqrt{3}$

(2) $4\sqrt{1.5} = \sqrt{4^2 \times 1.5} = \sqrt{24}$ なので

$4\sqrt{1.5} < 5$

3 (1) $\dfrac{\sqrt{5}}{\sqrt{2^2 \times 2}} = \dfrac{\sqrt{5} \times \sqrt{2}}{2\sqrt{2} \times \sqrt{2}} = \dfrac{\sqrt{10}}{4}$

(2) $\dfrac{2}{\sqrt{5^2 \times 3}} = \dfrac{2 \times \sqrt{3}}{5\sqrt{3} \times \sqrt{3}} = \dfrac{2\sqrt{3}}{15}$

4 (1) $3\sqrt{2} \times \sqrt{2 \times 3} = 6\sqrt{3}$

(2) $\dfrac{\sqrt{2} \times \sqrt{2 \times 3}}{\sqrt{3}} = 2$

(3) $(1+\sqrt{2})(2-\sqrt{2}) - (3-\sqrt{2})^2$

$= 2 - \sqrt{2} + 2\sqrt{2} - 2 - (9 - 6\sqrt{2} + 2)$

$= \sqrt{2} - 9 + 6\sqrt{2} - 2$

$= (1+6)\sqrt{2} - 11$

$= 7\sqrt{2} - 11$

(4) $\sqrt{2^2 \times 2} - 5\sqrt{2} = 2\sqrt{2} - 5\sqrt{2}$

$= (2-5)\sqrt{2} = -3\sqrt{2}$

(5) $\sqrt{2^2 \times 5} + \sqrt{3^2 \times 5} = 2\sqrt{5} + 3\sqrt{5}$

$= 5\sqrt{5}$

(6) $\sqrt{2^2 \times 5} - \dfrac{2}{\sqrt{3^2 \times 5}} - \sqrt{4^2 \times 5}$

$= 2\sqrt{5} - \dfrac{2 \times \sqrt{5}}{3\sqrt{5} \times \sqrt{5}} - 4\sqrt{5}$

$= -2\sqrt{5} - \dfrac{2\sqrt{5}}{15}$

$= -\dfrac{32}{15}\sqrt{5}$

5 (1) $2\sqrt{3} = 2 \times 1.732 = 3.464$

(2) $\dfrac{3}{\sqrt{3}} = \dfrac{3\sqrt{3}}{\sqrt{3} \times \sqrt{3}} = \dfrac{3\sqrt{3}}{3} = \sqrt{3}$

$= 1.732$

6 (1) $2 < \sqrt{a} < 3$ より　$\sqrt{4} < \sqrt{a} < \sqrt{9}$

aは整数なので，$a = 5, 6, 7, 8$

(2) $128 = 2^7$

$\sqrt{128} = \sqrt{64 \times 2} = 8\sqrt{2}$

$8\sqrt{2} = 8 \times 1.414$

$= 11.312$

一辺の長さ 11.312m

7 (1) $x + y = (\sqrt{5} + \sqrt{3}) + (\sqrt{5} - \sqrt{3})$

$= 2\sqrt{5}$

(2) $xy = (\sqrt{5} + \sqrt{3}) \times (\sqrt{5} - \sqrt{3})$

$= (\sqrt{5})^2 - (\sqrt{3})^2$

$= 5 - 3 = 2$

(3) $(\sqrt{5} + \sqrt{3})^2 + (\sqrt{5} - \sqrt{3})^2$

$= (\sqrt{5})^2 + 2\sqrt{5} \times \sqrt{3} + (\sqrt{3})^2$

$+ (\sqrt{5})^2 - 2\sqrt{5} \times \sqrt{3} + (\sqrt{3})^2$

$= 5 + 3 + 5 + 3$

$= 16$

別解　$x^2 + y^2 = (x+y)^2 - 2xy$

$= (2\sqrt{5})^2 - 2 \times 2$

$= 20 - 4$

$= 16$

(4) $x + y = 2\sqrt{5}$，$x - y = 2\sqrt{3}$　なので

$(x+y)^2 - (x-y)^2$

$= (2\sqrt{5})^2 - (2\sqrt{3})^2$

$= 20 - 12$

$= 8$

別解　$(x+y)^2 - (x-y)^2$

$= (x + y + x - y)(x + y - x + y)$

$= 2x \times 2y = 4xy = 4 \times 2 = 8$

第３章　２次方程式

【p.50 ～ 51】step10

1 $x = 1$ のとき（左辺）$= 1 - 6 + 8 = 3$

$x = 2$ のとき（左辺）$= 4 - 12 + 8 = 0$

$x = 3$ のとき（左辺）$= 9 - 18 + 8 = -1$

$x = 4$ のとき（左辺）$= 16 - 24 + 8 = 0$

$x = 5$ のとき（左辺）$= 25 - 30 + 8 = 3$

$x^2-6x+8=0$ の解は　$x=2,\ 4$

2 (1)　両辺を3でわって　$x^2=3$

よって　$x=\pm\sqrt{3}$

(2)　$x(x+7)=0$

$x=0$　または　$x+7=0$

よって　$x=0,\ -7$

(3)　両辺を2でわって　$x^2+3x=0$

$x(x+3)=0$

$x=0$　または　$x+3=0$

よって　$x=0,\ -3$

(4)　移項して整理すると　$x^2+4x=0$

$x(x+4)=0$

$x=0$　または　$x+4=0$

よって　$x=0,\ -4$

3 (1)　両辺を3でわって整理すると　$x^2=16$

$x=\pm4$

(2)　$x^2=5$　　よって　$x=\pm\sqrt{5}$

(3)　移項して整理すると　$2x^2-10x=0$

両辺を2でわって　$x^2-5x=0$

$x(x-5)=0$

$x=0$　または　$x-5=0$

よって　$x=0,\ 5$

(4)　$x+2=\pm5$

$x=-2\pm5$

よって　$x=3,\ -7$

(5)　$x-1=\pm\sqrt{3}$

$x=1\pm\sqrt{3}$

よって　$x=1+\sqrt{3},\ 1-\sqrt{3}$

【p.54 ～ 55】step11

1 (1)　$(x+1)(x+4)=0$

$x+1=0$　または　$x+4=0$

よって　$x=-1,\ -4$

(2)　$(x-10)^2=0,$　　$x-10=0$

よって　$x=10$

(3)　$(x-2)(x-5)=0$

$x-2=0$　または　$x-5=0$

よって　$x=2,\ 5$

(4)　$(x+5)(x-3)=0$

$x+5=0$　または　$x-3=0$

よって　$x=-5,\ 3$

(5)　両辺を10倍して　$x^2+14x+49=0$

$(x+7)^2=0$

$x+7=0$　　よって　$x=-7$

(6)　両辺を5倍して　$x^2-x-20=0$

$(x+4)(x-5)=0$

$x+4=0$　または　$x-5=0$

よって　$x=-4,\ 5$

(7)　両辺を6倍して　$x^2-3x+2=0$

$(x-1)(x-2)=0$

$x-1=0$　または　$x-2=0$

よって　$x=1,\ 2$

(8)　両辺を12倍して　$x^2-4x-12=0$

$(x+2)(x-6)=0$

$x+2=0$　または　$x-6=0$

よって　$x=-2,\ 6$

2 (1)　$x^2-2x=4$

両辺にxの係数の半分の2乗を加えて

$x^2-2x+1=4+1$

$(x-1)^2=5$

よって　$x-1=\pm\sqrt{5}$

ゆえに　$x=1\pm\sqrt{5}$

(2)　$x^2+6x=9$

両辺にxの係数の半分の2乗を加えて

$x^2+6x+9=9+9$

$(x+3)^2=18$

よって　$x+3=\pm3\sqrt{2}$

ゆえに　$x=-3\pm3\sqrt{2}$

(3)　$x^2+4x=3$

$x^2+4x+4=3+4$

$(x+2)^2=7$

よって　$x+2=\pm\sqrt{7}$

ゆえに　$x=-2\pm\sqrt{7}$

(4)　$x^2+10x=1$

$x^2+10x+25=1+25$

$(x+5)^2=26$

よって　$x+5=\pm\sqrt{26}$

ゆえに　$x=-5\pm\sqrt{26}$

【p.58 ～ 59】step12

1 (1) $a=1$, $b=5$, $c=2$ を解の公式に代入して

$$x=\frac{-5\pm\sqrt{5^2-4\times1\times2}}{2\times1}$$
$$=\frac{-5\pm\sqrt{17}}{2}$$

(2) $a=2$, $b=5$, $c=-3$ を解の公式に代入して

$$x=\frac{-5\pm\sqrt{5^2-4\times2\times(-3)}}{2\times2}$$
$$=\frac{-5\pm\sqrt{49}}{4}$$
$$=\frac{-5\pm7}{4}$$
$$=\frac{1}{2},\ -3$$

(3) $a-1$, $b=-4$, $c=2$ を解の公式に代入して

$$x=\frac{-(-4)\pm\sqrt{(-4)^2-4\times1\times2}}{2\times1}$$
$$=\frac{4\pm\sqrt{8}}{2}$$
$$=\frac{4\pm2\sqrt{2}}{2}$$
$$=2\pm\sqrt{2}$$

(4) $a=5$, $b=8$, $c=-1$ を解の公式に代入して

$$x=\frac{-8\pm\sqrt{8^2-4\times5\times(-1)}}{2\times5}$$
$$=\frac{-8\pm\sqrt{84}}{10}$$
$$=\frac{-8\pm2\sqrt{21}}{10}$$
$$=\frac{-4\pm\sqrt{21}}{5}$$

2 (1) $a=9$, $b=-6$, $c=-8$ を代入して

$$x=\frac{-(-6)\pm\sqrt{(-6)^2-4\times9\times(-8)}}{2\times9}$$
$$=\frac{6\pm\sqrt{324}}{18}$$
$$=\frac{6\pm18}{18}$$
$$=\frac{1\pm3}{3}$$
$$=\frac{4}{3},\ -\frac{2}{3}$$

(2) $a=2$, $b=2$, $c=-1$ を代入して

$$x=\frac{-2\pm\sqrt{2^2-4\times2\times(-1)}}{2\times2}$$
$$=\frac{-2\pm\sqrt{12}}{4}$$
$$=\frac{-2\pm2\sqrt{3}}{4}$$
$$=\frac{-1\pm\sqrt{3}}{2}$$

(3) $a=4$, $b=-7$, $c=0$ を代入して

$$x=\frac{-(-7)\pm\sqrt{(-7)^2}}{2\times4}$$
$$=\frac{7\pm7}{8}$$
$$=\frac{7}{4},\ 0$$

(4) 両辺を 25 倍して　$25x^2-10x+1=0$

$a=25$, $b=-10$, $c=1$ を代入して

$$x=\frac{-(-10)\pm\sqrt{(-10)^2-4\times25\times1}}{2\times25}$$
$$=\frac{10}{50}$$
$$=\frac{1}{5}$$

【p.62 ～ 63】step13

1 (1) $x+1$ cm と $x-2$ cm

(2) $(x+1)\times(x-2)=54$

(3) $x^2-x-2-54=0$

$x^2-x-56=0$

$(x+7)(x-8)=0$

$x+7=0$　または　$x-8=0$

よって　$x=-7,\ 8$

x は正の数なので　$x=8$

よって，正方形の1 辺の長さは 8 cm

2 $(x-3)^2=2x-3$

$x^2-6x+9-2x+3=0$

$x^2-8x+12=0$

$(x-6)(x-2)=0$

よって　$x=6,\ 2$

$x \geqq 5$　なので　$x=6$

3　横の長さを x cm とすると（$x>6$），縦の長さは　$x+4$ cm

$(x-6)\times(x+4-6)\times 3=96$

$(x-6)(x-2)=32$

$x^2-8x+12-32=0$

$x^2-8x-20=0$

$(x-10)(x+2)=0$

よって　$x=10,\ -2$

$x>6$ より　$x=10$

よって，横の長さ　10 cm

縦の長さ　14 cm

【p.64～67】第３章　期末対策

1　(1)　両辺を２でわって　$2x^2-3x=0$

$x(2x-3)=0$　　よって　$x=0,\ \dfrac{3}{2}$

(2)　$(x+7)(x+5)=0$

よって　$x=-7,\ -5$

(3)　与式を整理すると　$x^2=9$

よって　$x=\pm 3$

(4)　$x^2+4x=-2$

$x^2+4x+4=-2+4$

$(x+2)^2=2$

$x+2=\pm\sqrt{2}$

よって　$x=-2\pm\sqrt{2}$

(5)　$a=1,\ b=-6,\ c=4$ を解の公式に代入して

$$x=\frac{-(-6)\pm\sqrt{(-6)^2-4\times 1\times 4}}{2\times 1}$$

$$=\frac{6\pm\sqrt{20}}{2}$$

$$=\frac{6\pm 2\sqrt{5}}{2}$$

$$=3\pm\sqrt{5}$$

(6)　$2x^2=3x^2-6x+2x-4$

$x^2-4x-4=0$

$a=1,\ b=-4,\ c=-4$ を解の公式に代入して

$$x=\frac{-(-4)\pm\sqrt{(-4)^2-4\times 1\times(-4)}}{2\times 1}$$

$$=\frac{4\pm\sqrt{32}}{2}$$

$$=\frac{4\pm 4\sqrt{2}}{2}$$

$$=2\pm 2\sqrt{2}$$

2　(1)　$x=3$ は $x(x+2a)-9a=0$ の解なので

$3(3+2a)-9a=0$

$9+6a-9a=0$　　よって　$3a=9$

$a=3$

(2)　$a=3$ を代入すると

$x(x+6)-27=0$

$x^2+6x-27=0$

$(x-3)(x+9)=0$

$x=3,\ -9$

よって，もう１つの解は　-9

3　ある正の整数を x とすると

$x(x+2)=288$

$x^2+2x-288=0$

$(x+18)(x-16)=0$

$x=-18,\ 16$

x は正の整数なので　$x=16$

$16^2=256$

4　(1)　$PB=60-3x$ cm，$BQ=2x$ cm

(2)　$0\leqq x\leqq 20$

(3)　$\dfrac{1}{2}\times(60-3x)\times 2x=297$

$60x-3x^2=297$

$3x^2-60x+297=0$

$x^2-20x+99=0$

$(x-9)(x-11)=0$

$x=9,\ 11$

これらは $0\leqq x\leqq 20$ をみたす.

よって，動きはじめてから９秒後と11秒後.

第４章　関数 $y=ax^2$

【p.70 ～ 71】step14

1 (1) $y=5x^2$ (cm^3)

(2) $y=2\times3x\times\pi=6\pi x$ (cm)

(3) $y=x\times(10-x)=10x-x^2$ (cm^2)

(4) $y=\frac{1}{3}\times6\times\pi x^2=2\pi x^2$ (cm^3)

y が x^2 に比例しているものは　(1)，(4)

2 ㋐　-3　　㋑　-27　　㋒　-75

a の値は　$a=-3$

3 (1) $y=\left(\frac{1}{2}x\right)^2\pi=\frac{\pi}{4}x^2$ (cm^2)

(2) １つの面の面積は　$2x\times2x=4x^2$

立方体は６つの面があるので

$y=6\times4x^2=24x^2$ (cm^2)

(3) $y=\frac{4}{3}\pi x^3$ (cm^3)

(4) 円周は，$2x\pi$ なので

$y=2\pi x\times x=2\pi x^2$ (cm^2)

y が x^2 に比例しているものとそれぞれの比例定数は

(1) $\frac{\pi}{4}$　　(2) 24　　(4) 2π

4 ㋐　5.4　　㋑　15　　㋒　8

a の値は　$a=0.6$

【p.74 ～ 75】step15

1

x	-3	-2	-1	0	1	2	3
y	-18	-8	-2	0	-2	-8	-18

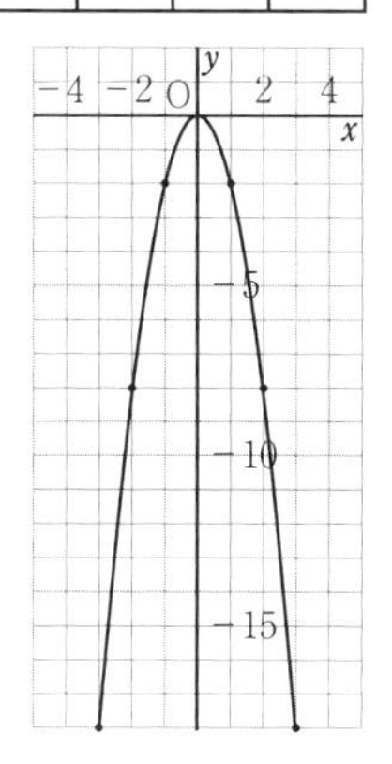

2 (1) $y=x^2$

(2) $y=-2x^2$

(3) $y=\frac{1}{2}x^2$

(4) $y=-\frac{1}{3}x^2$

3

x	-4	-2	0	2	4
y	24	6	0	6	24

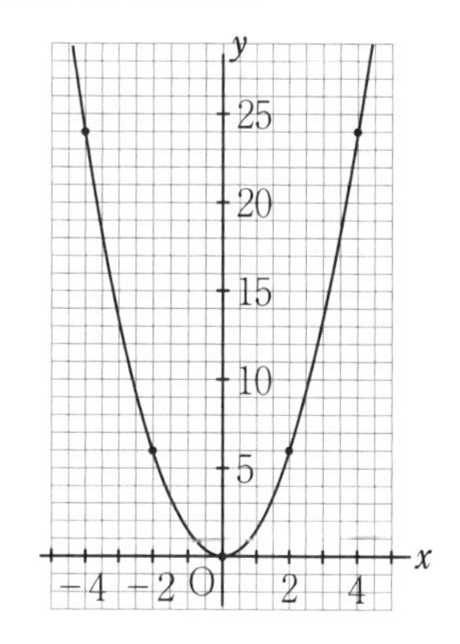

4 (1) $y=2x^2$

(2) $y=-x^2$

(3) $y=\frac{1}{4}x^2$

(4) $y=-\frac{1}{2}x^2$

【p.78 ～ 79】step16

1 (1) $y=ax^2$ とおく．

$x=4$，$y=32$ を代入して

$32=a\times16$　　よって　$a=2$

したがって　$y=2x^2$

$y=2\times(-3)^2=18$

(2) $y=ax^2$ とおく．

$x=-1$，$y=-5$ を代入して

$-5=a\times(-1)^2$　　よって　$a=-5$

したがって　$y=-5x^2$

$y=-5\times(-3)^2=-45$

2 　$y=ax^2$ とおく．

(1) 点 $(-3,\ 3)$ を通るので

$3=a\times(-3)^2$　　よって　$a=\frac{1}{3}$

したがって　$y=\frac{1}{3}x^2$

(2)　点 (2, −10) を通るので

$-10=a\times 2^2$　　よって　$a=-\frac{5}{2}$

したがって　$y=-\frac{5}{2}x^2$

3　(1)　$y=ax^2$ に $x=3$, $y=-18$ を代入して

$-18=9a$　　よって　$a=-2$

$y=-2x^2$

(2)　$x=1$ のとき　$y=-2\times 1^2=-2$

$x=4$ のとき　$y=-2\times 4^2=-32$

$\frac{-32}{-2}=16$　　よって　16倍.

(3)　$x=k$ のとき　$y=-2\times k^2=-2k^2$

$\frac{-2k^2}{-2}=k^2$　　よって　k^2倍.

【p.82～83】step17

1　(1)

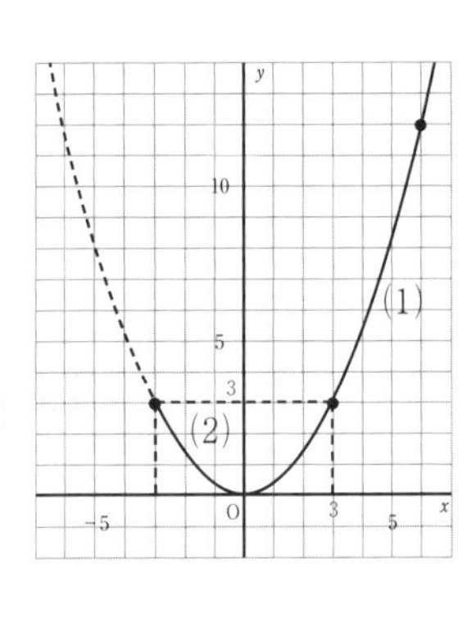

$x=3$ のとき

$y=\frac{1}{3}\times 3^2=3$

$x=6$ のとき

$y=\frac{1}{3}\times 6^2=12$

グラフから

$3\leqq y\leqq 12$

(2)　$x=3$ のとき

$y=\frac{1}{3}\times(-3)^2=3$

$x=0$ のとき　$y=0$

$x=\pm 3$ のとき　$y=\frac{1}{3}\times(\pm 3)^2=3$

グラフから　$0\leqq y\leqq 3$

2　$y=-2x^2$

$x=2$ のとき　$y=-2\times 2^2=-8$

$x=5$ のとき　$y=-2\times 5^2=-50$

変化の割合　$\frac{-50-(-8)}{5-2}=\frac{-42}{3}=-14$

3　簡単な図をかいて

$x=0$ のとき，最大値　$y=0$

$x=-4$ のとき，最小値　$y=-4$

$-4\leqq y\leqq 0$

4　簡単な図をかいて

$x=3$ のとき，最大値　$y=18$

$x=0$ のとき，最小値　$y=0$

5　$y=-\frac{1}{3}x^2$

$x=-3$ のとき　$y=-\frac{1}{3}\times(-3)^2=-3$

$x=0$ のとき　　$y=-\frac{1}{3}\times 0^2=0$

変化の割合　$\frac{0-(-3)}{0-(-3)}=\frac{3}{3}=1$

【p.86～87】step18

1　(1)　$y=ax^2$ とおく.

$x=3$, $y=45$ を代入して

$45=a\times 9$　　よって　$a=5$

したがって　$y=5x^2$

(2)　$x=2$ のとき　$y=5\times 4=20$

$x=4$ のとき　$y=5\times 16=80$

$\frac{80-20}{4-2}=\frac{60}{2}=30$

秒速 30m

2　(1)　y はの x の関数といえます.（x の値を1つ決めると，y の値が1つに決まっているから）

(2)　右図

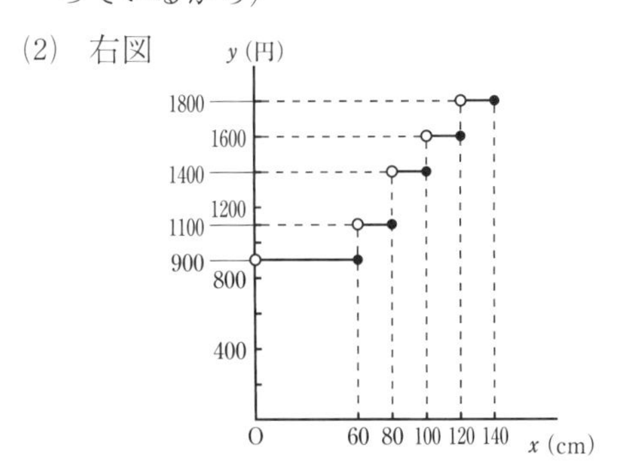

(3)　1600円

3　(1)　点Bの x 座標は2

ABを底辺と見ると長さは4で，高さを h とすると，△OABの面積が8なので

$\frac{1}{2}\times4\times h=8$　　よって　$h=4$

B(2, 4)

(2)　$y=ax^2$ に $x=2$, $y=4$ を代入して

$4=a\times2^2$　　よって　$a=1$

(3)　ABを底辺と見ると△ABCは高さが4になります.

よって Cの y 座標は8

$8=x^2$　　よって　$x=\pm2\sqrt{2}$

$x>0$ なので　$x=2\sqrt{2}$

$C(2\sqrt{2}, 8)$

【p.88～91】第4章　期末対策

1　①, ③, ⑤

2　(1)　$y=ax^2$ とおく.

$x=2$, $y=6$ を代入して

$6=a\times2^2$　　よって　$a=\frac{3}{2}$

ゆえに　$y=\frac{3}{2}x^2$

(2)　$y=\frac{3}{2}\times5^2=\frac{75}{2}$

3　(1)　右図

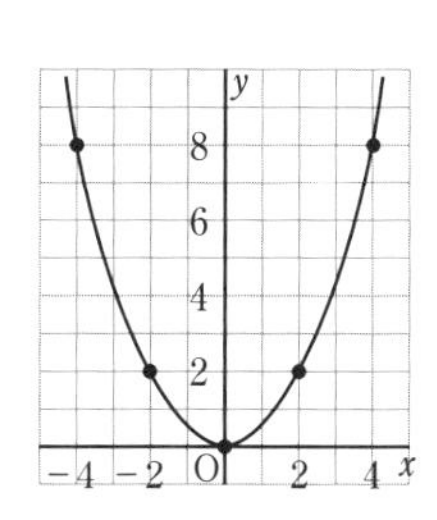

(2)　y の最大値は

$x=-4$ のとき

$y=\frac{1}{2}\times(-4)^2=8$

(3)　$x=a$ のとき　$y=\frac{1}{2}a^2$

$x=6$ のとき　$y=\frac{1}{2}\times6^2=18$

$\frac{18-\frac{1}{2}a^2}{6-a}=4$

両辺を $6-a$ 倍して

$18-\frac{1}{2}a^2=4(6-a)$

整理して　$\frac{1}{2}a^2-4a+6=0$

2倍して　$a^2-8a+12=0$

$(a-2)(a-6)=0$

$a=2, 6$

$a<6$ の数なので　$a=2$

4　(1)　$\begin{cases} y=x-6 & \cdots\cdots① \\ y=-x^2 & \cdots\cdots② \end{cases}$

①, ②より y を消去して

$x-6=-x^2$

$x^2+x-6=0$

$(x+3)(x-2)=0$

$x=-3, 2$

Cの x 座標は正なので　$x=2$

このとき, ①より　$y=2-6=-4$

C(2, −4)

(2)　A(0, −6), B(6, 0)となる.

$\triangle OAC=\frac{1}{2}\times6\times2=6$

$\triangle BOC=\frac{1}{2}\times6\times4=12$

$\triangle OAC : \triangle BOC=6 : 12=1 : 2$

5　(1)　PQはBCと平行に動くので

$AQ : PQ=10 : 20=1 : 2$

$AQ=x$ のとき　$PQ=2x$

$y=\frac{1}{2}\times x\times2x=x^2$

(2)　$x=6$ を $y=x^2$ に代入して

$y=6^2=36$

(3)　$0\leqq x\leqq10$

$0\leqq y\leqq100$

第5章　相似な図形

【p.94～95】step19

1　$\triangle ABC\backsim\triangle HIG$

$3 : 4.5=2 : 3$

$\triangle DEF\backsim\triangle KJL$

$7 : 9$

2　(1)　$\angle E=90°$

(2) 相似比は　15：30＝1：2

CD：26＝1：2

2×CD＝26

CD＝**13**（cm）

11：FG＝1：2

FG＝**22**（cm）

3 (1) ∠D＝150°，∠H＝120°

(2) 10：12＝5：6

(3) DE：9＝5：6

6×DE＝45

DE＝$\frac{45}{6}$＝$\frac{15}{2}$（cm）

12：HI＝5：6

5×HI＝72

HI＝$\frac{72}{5}$（cm）

【p.98 ～ 99】step20

1 (1) △OAC と △OBDにおいて

仮定より

AO：OB＝2：3

CO：OD＝2：3

なので　AO：BO＝CO：DO　……①

また，対頂角が等しいから

∠AOC＝∠BOD　……②

①，② から，2組の辺の比とその間の角がそれぞれ等しいので

△OAC∽△OBD

(2) AC：BD＝12：BD＝2：3

2×BD=36　　よって　BD=**18**（cm）

2 (1) △AED と △CDF において

∠EAD＝∠DCF（平行四辺形の対角）

∠ADE＝∠CFD（AD∥BCの錯角）

2組の角がそれぞれ等しいので

△AED∽△CDF

(2) AE：CD＝AD：CF

AE：3＝4：CF

AE×CF＝**12**

【p.102 ～ 103】step21

1 3：9＝y：6

9y＝18　　よって　y＝**2**（cm）

3：9＝x：12

9x＝36　　よって　x＝**4**（cm）

2 x：12＝5：15

15x＝60　　よって　x＝**4**（cm）

3 x：2＝8：4

4x＝16　　よって　x＝**4**（cm）

8：y＝12：9

12y＝72　　よって　y＝**6**（cm）

4 (1) 15：25＝12：(12＋x)

15×(12＋x)＝300

180＋15x＝300

15x＝120　　よって　x＝**8**（cm）

(2) x：9＝20：10

10x＝180　　よって　x＝**18**（cm）

【p.106 ～ 107】step22

1 (1) 中点連結定理より

PQ＝$\frac{1}{2}$AC＝$\frac{1}{2}$×20＝**10**（cm）

(2) ∠PAR，∠PQR，∠BPQ

2 EF

3 対角線 BD を引く．

中点連結定理より

PS∥BD，PS＝$\frac{1}{2}$BD

QR∥BD，QR＝$\frac{1}{2}$BD

PS∥QR，PS＝QR

1組の辺が平行で長さが等しいので

四角形 PQRS は平行四辺形．

【p.110 ～ 111】step23

1 (1) S：S'＝2^2：3^2＝**4：9**

(2) S：36＝4：9

9S＝36×4　　よって　S＝**16**（cm^2）

2 体積比　5^3：2^3＝**125：8**

表面積比　$5^2:2^2=\mathbf{25:4}$

③ (1)　半径の比　$2:3$

(2)　表面積の比　$2^2:3^2=\mathbf{4:9}$

(3)　体積比　$2^3:3^3=\mathbf{8:27}$

$96\pi:G=8:27$

$8\times G=96\pi\times 27$

よって　$G=\mathbf{324\pi}$ (cm^3)

【p.112 ～ 115】第5章　期末対策

① (1)　△ABD と △CAD において

∠ADB＝∠CDA＝90°

∠ABD＋∠ACD

＝∠CAD＋∠ACD＝90°

であるから

∠ABD＝∠CAD

2 組の角がそれぞれ等しいので

△ABD∽△CAD

(2)　△ABD∽△CAD から

AD：CD＝AB：CA

7.2：CD＝12：9

12×CD＝64.8

CD＝**5.4** (cm)

② (1)　$3:4.5=x:6$

$4.5x=18$　　よって　$x=\mathbf{4}$ (cm)

(2)　$3:x=5:8$

$5x=24$　　よって　$x=\mathbf{\frac{24}{5}}$ (cm)

③　△EAB と △EDC において

∠ABE＝∠DCE　(AB∥CDの錯角)

∠AEB＝∠DEC　(対頂角)

2 組の角がそれぞれ等しいので

△EAB∽△EDC

AE：ED＝12：18＝2：3

DE：DA＝3：5

EF∥AB より

EF：AB＝DE：DA

EF：12＝3：5

5×EF＝36　　よって　EF＝$\mathbf{\frac{36}{5}}$ (cm)

④　△ABC において，中点連結定理より

MN＝$\frac{1}{2}$BC＝$\frac{1}{2}\times 10=5$ (cm)

また，△DNM において

NC＝CD，MN∥BC より　ME＝ED

中点連結定理より　EC＝$\frac{1}{2}$MN＝$\mathbf{\frac{5}{2}}$ (cm)

⑤　立体 X，Y，Z の体積をそれぞれ x，y，z とする．

$x:(x+y):(x+y+z)=1^3:2^3:3^3$

$=1:8:27$

$x:(x+y)=1:8$

$x+y=8x$　　よって　$y=7x$

$x:(x+y+z)=1:27$

$x+y+z=27x$　　よって　$z=26x-y$

$y=7x$ より　$z=26x-7x=19x$

ゆえに　$x:y:z=\mathbf{1:7:19}$

⑥　平行四辺形 ABCD の面積を k とする．

△PAM と △PCB において

∠PAM＝∠PCB　(AD∥BCの錯角)

∠APM＝∠CPB　(対頂角)

2 組の角がそれぞれ等しいので

△PAM∽△PCB

AP：PC＝AM：CB＝1：2

△ABC＝$\frac{1}{2}k$，△OBC＝$\frac{1}{4}k$

△PBC＝$\frac{1}{2}k\times\frac{2}{3}=\frac{1}{3}k$

△PBO＝$\frac{1}{3}k-\frac{1}{4}k=\frac{1}{12}k$　　$\mathbf{\frac{1}{12}}$**倍**.

第6章　三平方の定理

【p.118 ～ 119】step24

① (1)　$\angle x=\mathbf{57.5°}$

(2)　∠ADB＝90°

∠BAD＝180°－(90°＋65°)＝25°

$\overset{\frown}{BD}$に対する円周角より　$\angle x=\mathbf{25°}$

②　$\overset{\frown}{CD}:\overset{\frown}{AB}=3:1$ なので

∠CBD：∠ACB＝3：1

51°：$\angle ACB=3:1$ より　$\angle ACB=17^\circ$

$\angle BCD=90^\circ$ より　$\angle x=90^\circ-17^\circ=\mathbf{73^\circ}$

3 円周角が等しくなるものをさがす．

(イ)，(ウ)

4 (1) $\overset{\frown}{ADC}$に対する円周角と中心角の関係から　$\angle AOC=200^\circ$

△OAD は OA＝OD の二等辺三角形だから　$\angle AOD=80^\circ$

$\angle DOC=200^\circ-80^\circ=120^\circ$

よって　$\angle x=\mathbf{60^\circ}$

(2) $\angle CAE=49^\circ$　2点AとDを結ぶ．

$\overset{\frown}{CD}$に対する円周角より

$\angle CAD=22^\circ$

$\overset{\frown}{DE}$に対する円周角より

$\angle DAE=x$

$\angle x=49^\circ-22^\circ=\mathbf{27^\circ}$

5 点BとOを結ぶ．

円周角の定理より

$\angle BOA=2x$

$\angle OBA=90^\circ$

$26^\circ+2x=90^\circ$

$2x=64^\circ$　　よって　$x=\mathbf{32^\circ}$

6 2点C，Dは直線ABに関して同じ側にあり，$\angle ACB=\angle ADB=33^\circ$ なので，4点A，B，C，Dは同一円周上の点である．

これより，$\overset{\frown}{BC}$に対する円周角より

$\angle x=\angle BAC=\mathbf{54^\circ}$

また，$\overset{\frown}{AD}$に対する円周角より

$\angle y=\angle ACD=\mathbf{48^\circ}$

【p.122 ～ 123】step25

1 △AHC と △ABD において

$\angle AHC=\angle ABD=90^\circ$

$\overset{\frown}{AB}$に対する円周角より

$\angle ACH=\angle ADB$

2組の角がそれぞれ等しいので

△AHC∽△ABD

2 △ABF と △EAG において

$\angle BAC=\angle AEB$

（$\overset{\frown}{AB}=\overset{\frown}{BC}$ に対する円周角）

$\angle ABE=\angle EAD$

（$\overset{\frown}{AE}=\overset{\frown}{ED}$ に対する円周角）

2組の角がそれぞれ等しいので

△ABF∽△EAG

【p.126 ～ 127】step26

1 (1) $9^2=x^2+7^2$

$x^2=81-49=32$

$x>0$ より　$x=\mathbf{4\sqrt{2}}$ (cm)

(2) △ABD において

$15^2=x^2+12^2$

$x^2=225-144=81$

$x>0$ より　$x=\mathbf{9}$ (cm)

△ADC において

$11^2=9^2+y^2$

$y^2=121-81=40$

$y>0$ より　$y=\mathbf{2\sqrt{10}}$ (cm)

2 △DBC において

$DC^2=(6\sqrt{5})^2-12^2=180-144$

$=36$

$DC>0$ より　$DC=6$

△ABC において

$15^2=12^2+(x+6)^2$

$(x+6)^2=225-144=81$

$x+6=\pm9$　　$x+6>0$ なので　$x+6=9$

よって　$x=\mathbf{3}$ (cm)

3 (1) a が最も長いので

$a^2=4^2=16$

$b^2+c^2=(\sqrt{6})^2+(\sqrt{10})^2=16$

a を斜辺とする直角三角形．

(2) b が最も長いので

$b^2=8^2=64$

$a^2+c^2=6^2+(\sqrt{17})^2=53$

よって，直角三角形にならない．

【p.130 ～ 131】step27

1 △ABC は　$AC:BC:BA=1:2:\sqrt{3}$ の直角三角形より　$x=\mathbf{6\sqrt{3}}$ (cm)

△ADC は　DC：AC：AD＝1：2：$\sqrt{3}$ の直角三角形より　DC＝3 cm なので

$y=3\sqrt{3}$ (cm)

2　$AB=\sqrt{(3+1)^2+(1-2)^2}$

$=\sqrt{17}$

3　平行四辺形の高さは　$6\times\frac{\sqrt{2}}{2}=3\sqrt{2}$

平行四辺形の面積は

$7\times3\sqrt{2}=21\sqrt{2}$ (cm^2)

4　(1)　C(1＋4, 3＋2)　より　C(5, 5)

(2)　$OC=\sqrt{5^2+5^2}=5\sqrt{2}$

5　$\left(\frac{1}{2}\times6\times6\sqrt{3}\right)\times2=36\sqrt{3}$

$6\sqrt{3}\times8=48\sqrt{3}$

$36\sqrt{3}+48\sqrt{3}$

$=84\sqrt{3}$ (cm^2)

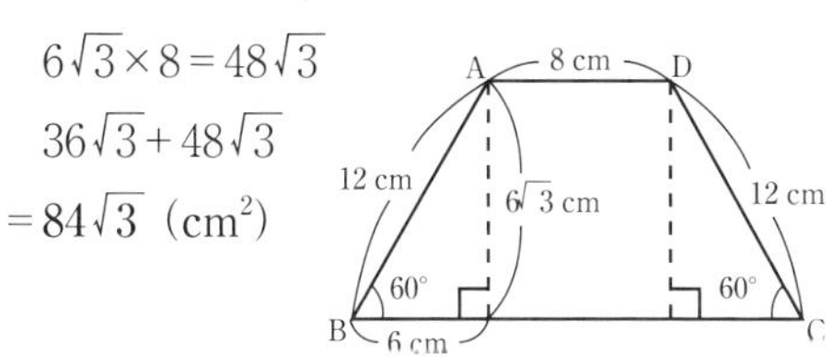

【p.134 ～ 135】step28

1　$BD^2=5^2+8^2$

$=25+64$

$=89$

$BH^2=BD^2+DH^2$

$=89+9$

$=98$

BH＞0 より　$BH=7\sqrt{2}$ (cm)

2　$AC=6\sqrt{2}\times\sqrt{2}=12$

AH＝6

$OH^2=OA^2-AH^2$

$=100-36$

$=64$

OH＞0 より　OH＝8 (cm)

3　(1)　$OA^2=13^2-5^2$

$=169-25$

$=144$

OA＞0 より　OA＝12 (cm)

(2)　$\frac{1}{3}\times5^2\times\pi\times12=100\pi$ (cm^3)

【p.136 ～ 139】　第6章　期末対策

1　(1)　$114°\times2=228°$

$360°-228°=132°$

よって　$\angle x=132°$

(2)　∠ABQ＝90°

$\angle PBQ=30°=\angle x$

($\overset{\frown}{PQ}$ に対する円周角)

2　$AC=2\sqrt{2}$

$x^2=(2\sqrt{2})^2+3^2$

$=8+9$

$=17$

$x>0$ より　$x=\sqrt{17}$ (cm)

3　頂点 A から辺 BC の延長上に下ろした垂線との交点を D とする.

∠ACD＝45° より

$AD=12\times\frac{\sqrt{2}}{2}=6\sqrt{2}$

$\triangle ABC=\frac{1}{2}\times8\times6\sqrt{2}=24\sqrt{2}$ (cm^2)

4　$AD^2=8^2-(10-x)^2$ ……①

$12^2=x^2+AD^2$ ……②

①，② より AD^2 を消去すると

$144=x^2+64-(10-x)^2$

$=x^2+64-(100-20x+x^2)$

よって　$20x-36=144$

$20x=180$　　よって　$x=9$ (cm)

5　$(a+b)^2=a^2+2ab+b^2$

$\frac{1}{2}ba\times4+c^2=2ab+c^2$

よって　$a^2+2ab+b^2=2ab+c^2$

よって　$a^2+b^2=c^2$

6　△OPT は ∠OTP＝90°　の直角三角形.

$(x+4)^2=6^2+x^2$

$x^2+8x+16=36+x^2$

$8x=20$

$x=\frac{5}{2}$ (cm)

7　切り口は円であり，半径 AM は

$AM^2=6^2-4^2=36-16$

$=20$

切り口の面積は

$\pi \mathrm{AM}^2 = 20\pi$ (cm^2)

【p.142 ～ 143】step29

1 (1) 全数調査

(2) 標本調査

2 $\frac{72}{400} = \frac{9}{50}$

$300000 \times \frac{9}{50} = 54000$

54000個

3 (ア) 女子が数学を好きか嫌かわからないので適当でない.

(ウ) テストの点の良い人だけで，点の悪い人が数学を好きか嫌いかがわからないので適当でない.

4 白玉が含まれる確率は $\frac{20}{300} = \frac{1}{15}$

黒玉の個数を x とすると

$(x + 500) \times \frac{1}{15} = 500$

$x + 500 = 7500$

$x = 7000$

黒玉はおよそ 7000 個と推測される.